BOOK 天下图书

数学小侦探 3

黑心老板的诡计

施晓兰 杨嘉慧 著
刘俊良 绘

重庆出版集团 重庆出版社

目录

人物介绍

警长：

TOP警局的警长，数学奇烂无比，总是以直觉思考问题，加上对美食与玩乐没有抵抗力，因此常常让案情陷入胶着状态。

副警长：

TOP警局的副警长 —— 郝美丽，才貌双全，十分的机智，是总局派来协助警长的好帮手，也是警局内的“万人迷”。

HOW博士：

TOP警局的顾问，博学多闻，总是能以清晰的推理与丰富的数学知识，帮助警长厘清案情，找出真正的作案人。

数字挑战信

今天TOP警局每个人都收到一封挑战信……
居然敢寄挑战信给警察？好大的胆子！
而且口气好嚣张！
上面写些什么呢？
1

亲爱的警察：

恭喜你！你被挑战了！你必须在30秒内将信中的乘法算式算出结果，不然你的挑战就失败了，每转发十人可以加时10秒。如果你算出不可思议的结果，就证明你的大脑已经出问题了，哇哈哈哈哈……

神秘人士敬上

1×1=

11×11=

111×111=

1111×1111=

11111×11111=

111111×111111=

2

神秘人士？是无聊人士吧！
还要我们算数学？
别理他！
3

不可以！这封信真的很特别！
呃？
4

什么意思？
你们把这些算式算出来就知道了！
5

过了一会儿……
哇！好神奇！
怎么了？
6

你们看!

$1\times1=1$

$11\times11=121$

$111\times111=12321$

$1111\times1111=1234321$

$11111\times11111=123454321$

$111111\times111111=12345654321$

咦？这些数字很有规律!
真不可思议!
看吧！你们的大脑也出问题了，算出来的答案跟我的一样奇怪!

快转发信件，可以加时。算不出来太丢人了!
没这么严重吧!

你给我清醒点!
哎哟！好痛!

看清楚！计算器算出来的答案也一样，这根本不是我们脑子的问题!
12345654321
难道……

计算器也中毒了吗?
你才中毒不轻呢!

警长，这不是脑子问题，而是数学!
真的吗？不是我脑子出问题了?

挑战信

TOP警局全体都收到挑战信，要求警员在30秒内将信中的乘法算式算出结果，不然就挑战失败，每转发十人可以加时10秒。众人原本不相信，但是每个人计算这一系列古怪的算式，竟然都得到不可思议的答案，难道众人的大脑真的都出问题了吗？或者这是一种数学把戏呢？

这封信只是利用数学来恶作剧而已！这是一种数学把戏。
如果是数学把戏，那挑战者极可能是我们所熟识的人……
为什么这么说？
熟识的人才会知道我们警局有个数学不好的糊涂警长，一定会中计！
喂！没礼貌！
我们还是先解开这道数学谜题吧！
14
15

❶ 分别用竖式计算下面的乘法算式。

$1\times1=$　　$11\times11=$　　$111\times111=$　　$1111\times1111=$

❷ 观察上面列出来的竖式，有没有发现什么规律呢？为什么会得出不可思议的答案呢？

❸ 你可以用上面观察到的规律，推测111111111×111111111等于多少吗？

我明白了！原来这真的只是数学把戏而已，你们看！
111
× 111
111
111
111
12321

因为乘数每个数字都是1，所以下方每一行都会重复被乘数，只是下一行比上一行往左边移了一位。如此一来，答案就会变成头尾都是1，每往中间一个位数，数字就再加1，以此类推……

没错！那你会推测111111111×111111111等于多少吗？
111111111是九位数，中心数字是9，答案应该是12345678987654321！
只要找出中心数字就可以了！中心数字是跟着被乘数与乘数的位数改变的，例如：111×111，中心数字就是3！

虽然听不懂，但看来真是有人搞恶作剧！这个人真可恶！

如果你头脑清醒一点，就不会这么容易受骗了！

可是，我觉得转发的人更可恶！
如果让我知道是谁转发给我的，我就……
没错！怎么可以协助犯罪呢？

警长，刚刚网络小组来电，说我们的挑战信都是由你的电脑转发的！
什么？这也能追查到！

又是你！
哇！我下次不敢了！

还有下次？

谜题大公开

数学中有很多计算上的神奇规律，非常不可思议，下次遇到大数字的计算，不要埋头猛算，可以先“观察”一下：看看是否有什么规律可循。

下面推荐从埃及金字塔发现的魔法数字142857，依照下列的计算，你就会发现神奇的现象。

142857 × 1=142857　142857 × 4=571428

142857 × 2=285714　142857 × 5=714285

142857 × 3=428571　142857 × 6=857142

解答：① $1 \times 1 = 1$；$11 \times 11 = 121$（11＋110）；$111 \times 111 = 12321$（111＋1110＋11100）；$1111 \times 1111 = 1234321$（1111＋11110＋111100＋1111000）

② 答案就在漫画中。

③ 12345678987654321。

妖洞妖广场有炸弹

最近治安不错，我偷一下懒，应该没关系。

咦？我的电脑怎么了？
我看看。

You've got a mail.

妖洞妖广场有炸弹

妖洞妖广场有颗定时炸弹，15分钟内没有破完三关，炸弹便会爆炸。第一关：将数字1～5填进圈里，让在一条线上的数字加起来等于10。

1　2

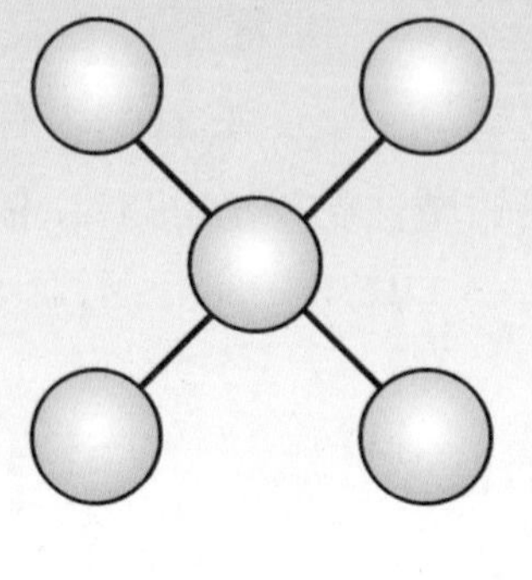

惨了，今天是节假日，广场还举办活动，怎么办？
大家脸色怎么这么难看？

HOW博士，快来看这封信。
这是“等和游戏”。

HOW博士，我就知道你会适时出现，麻烦你破解它……

怎么样，还顺利吗？
解出来了，等我把数字输进去。

恭喜过关！

第二关：将数字1～6填进圈里，让在一条线上的数字加起来等于13。

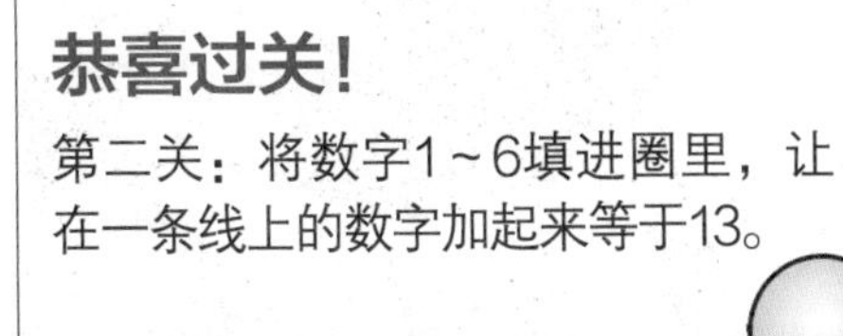

1 2 3

4 5 6

什么，一关解完还有一关，时间都要过去了！
别紧张，看我的。

恭喜过关！

第三关：将数字1～7填进圈里，让在一条线上的数字加起来等于12。

1 2

3 4

5 6

7

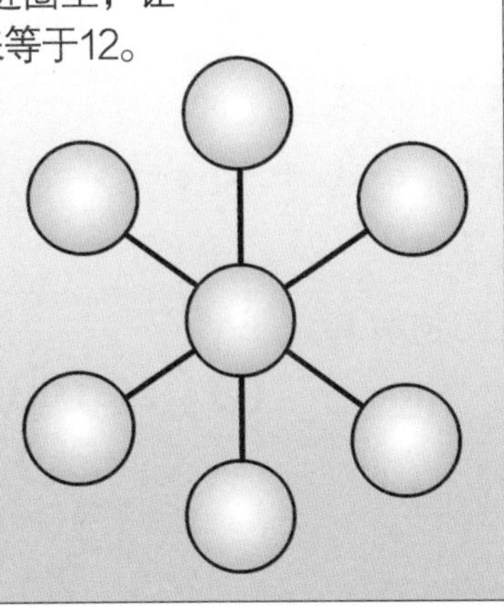

前两关我顺利破解了，第三关交给你们了。
你是不是不会解，才把最难的交给我们？

不解题就引爆！

警长收到一封坏人的威胁信，要他在限定时间内破解过关，否则妖洞妖广场的炸弹便会被引爆。HOW博士已经轻松破解两关，第三关也能这么顺利吗？

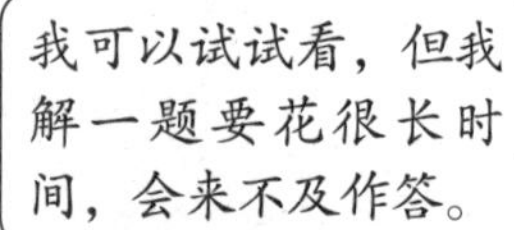
我可以试试看，但我解一题要花很长时间，会来不及作答。

解这种题目是有技巧的，首先找出线条交叉点上的数字，剩下的就容易解决了。

❶ 第一关：$B+C=D+E$

$(B+C)+(D+E)=(B+C)+(B+C)=$

$2(B+C)$（偶数）

$A+(B+C+D+E)=15$

$B+C+D+E$为偶数，那A为奇数还是偶数？

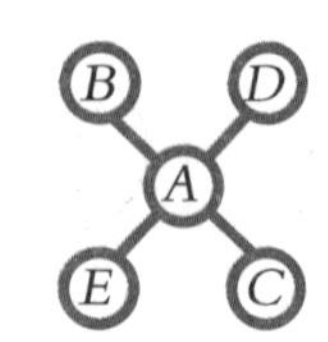
B
D
A
E
C

❷ 第二关：$b+c=d+e+f$

$(b+c)+(d+e+f)=(b+c)+(b+c)=$

$2(b+c)$（偶数）

$b+c+d+e+f$为偶数，$a+(b+c+d+e+f)=21$，

那a为奇数还是偶数？

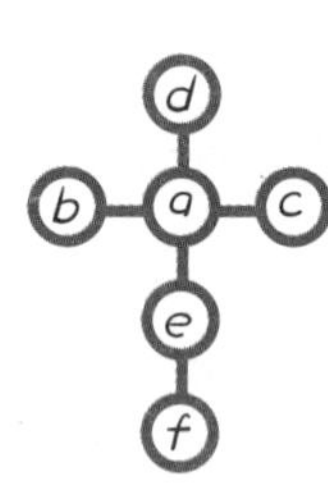
d
b
a
c
e
f
1 2 3 4 5 6

❸ 想想看，该如何解坏人出的两个题呢（见右图）？

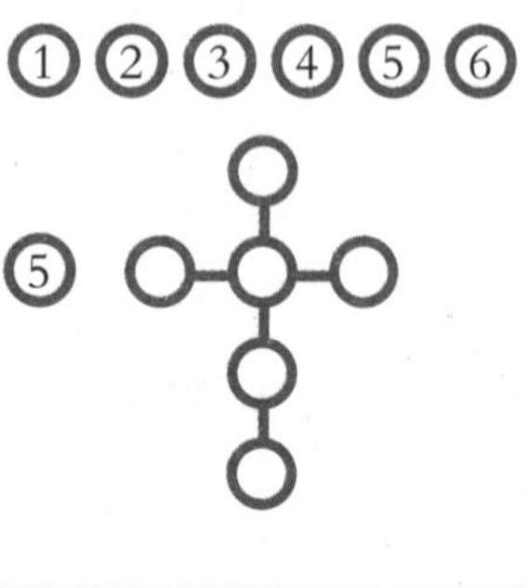
1 2 3 4 5

前两关我知道怎么做了，但是第三关是三条线上的数字和要一样，该怎么解呢？
15

扣掉数字A，其余数字加起来一定是3的倍数。
B+C=D+E=F+G
（B+C）+（D+E）+（F+G）
=（B+C）+（B+C）+（B+C）
=3（B+C）
G
B
E
A
D
C
F
16

1加到7的总和是28，比28小，并且是3的倍数的数有哪些？
17
24、21、18…

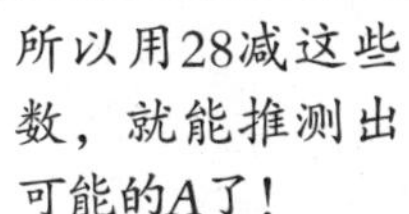

所以用28减这些数，就能推测出可能的A了！
我算好了，A是4。
18

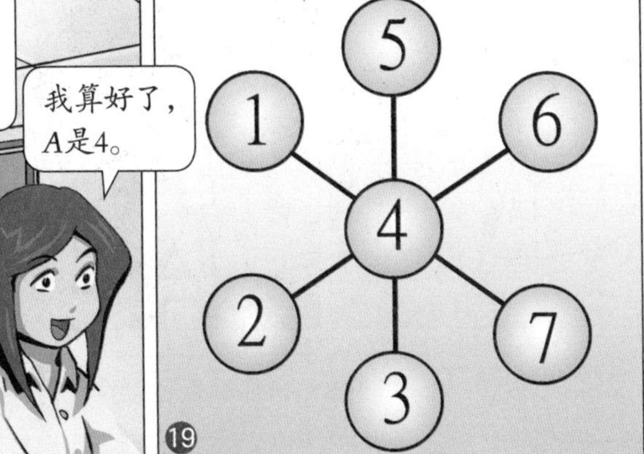

5
1
6
4
2
7
3
19

恭喜过关！
炸弹已解除！请继续点阅委托信，挑战下一关。
20

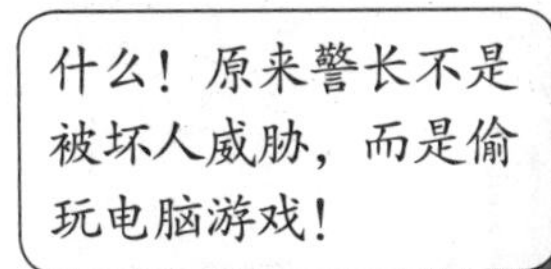

什么！原来警长不是被坏人威胁，而是偷玩电脑游戏！
哎呀，原来是我的游戏忘记关掉了！
21

谜题大公开

“等和游戏”的玩法有很多种，这种游戏多半只要运算几个等式，便可找出答案。有时，为了增加难度，会将题目多画几条线，不过解法仍是一样的。

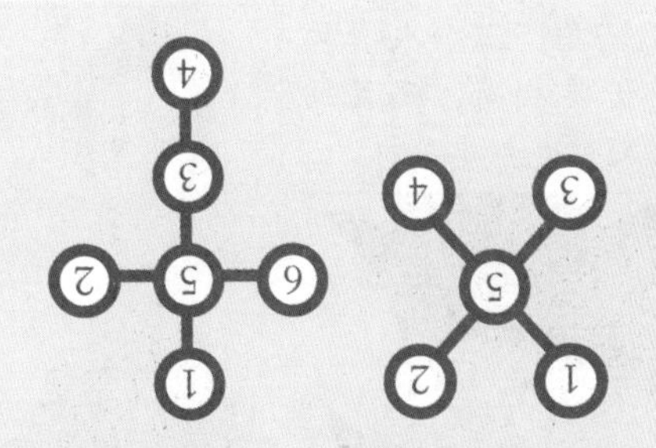

4
3
2
5
6
1
4
3
5
2
1

解答：❶ 奇数。❷ 奇数。❸ 把奇数依序放入交叉点，算出正确答案。交叉点填5时，如下图。

橘子怎么卖?

黄老板，这么急着跑来警局，发生什么事了?
我想请HOW博士帮忙！我年纪大了，想把水果店传给三个女儿。
很好啊，以后可以游山玩水喽!
但是我不知道她们有没有经营水果店的能力?是不是能齐心协力?
那就出题考考她们。
出题?我不会。
我想想……你准备100个橘子，请老大卖50个、老二卖30个、老三卖20个。
这样卖水果我也会啊!
还没说完呢！三个人卖的橘子售价要相同，而且每人的收入，也都要一样。
50个
30个
20个
这怎么可能办得到?

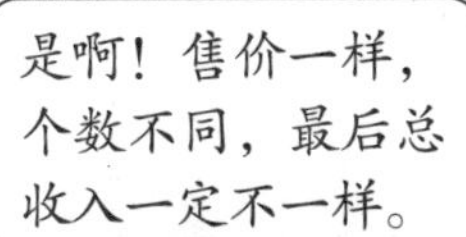
是啊！售价一样，个数不同，最后总收入一定不一样。

有经营头脑就能办到。除此之外，必须加考一道隐藏题目。黄老板，100个橘子的成本是多少钱？
6

620元。
请她们分两次卖，第一次每个卖11元，第二次每个卖1元，最后每个人的收入都要是200元。考考她们分两次卖，每次各要卖多少个。
7

这样会赔钱呀！
就是要考考这三个女儿会不会发现啊！
好主意，我这就把孩子们找来考试。
8

孩子们，我打算把水果店交给你们，在这之前，你们得先通过HOW博士的考试。
考什么？
9

我要请你们把这100个橘子卖掉，老大卖50个，老二卖30个，老三卖20个，要分两次卖，第一次每个卖11元，第二次每个卖1元，最后每人的收入都是200元。
10

你们可以一起解题。

看起来，老爸想考我们的数学能力。
可是，我的数学不太好呀！
11
那太好了。
12

孩子们会被考倒吗?

水果店老板想把水果店交给三个女儿，他请HOW博士出考题，试探她们的能力，三姐妹是否能通过考验，一起经营水果店?

每个卖11元的时候，我得卖比较少的橘子；每个卖1元的时候，则要卖比较多的橘子，三妹正好相反。
13

老爸，100个橘子的成本是多少元?
14

620元。
15

❶ 假如老大、老二和老三第一次卖的橘子数量各是a、b、c，第二次卖的数量是多少?（请用含a、b、c的式子表示）

❷ 三个女儿卖完橘子的收入，各是多少?（请用含a、b、c的式子表示）

❸ 若三个人卖橘子的收入都一样，可以得出a、b、c之间有什么样的关系?

我们算好了，第一次，我卖15个橘子、二妹卖17个、三妹卖18个；第二次，我卖35个、二妹卖13个、三妹卖2个。
16

第一次
15个

17个

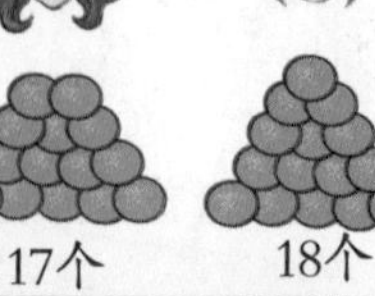
18个

第二次
35个

13个

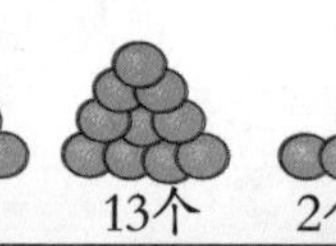
2个

算这么快，你们是不是蒙的？

当然是算出来的，这儿有算式呢！
17

假设老大、老二和老三第一次卖的橘子数量各是a、b、c，列表如下：

	第一次卖的数量	第二次卖的数量	收入
老大	a	$50-a$	$11a+(50-a)$
老二	b	$30-b$	$11b+(30-b)$
老三	c	$20-c$	$11c+(20-c)$

三人卖橘子的收入都是200元，所以$11a+(50-a)=11b+(30-b)=11c+(20-c)=200$，即$a=15$，$b=17$，$c=18$。

18

HOW博士，这样应该过关了吧！
别急，她们还没发现会赔钱这件事。
19

老爸，我觉得HOW博士的题目出得不好。100个橘子的成本是620元，我们每人只卖200元，这样会赔钱！
那要怎么卖才会赚钱？
20

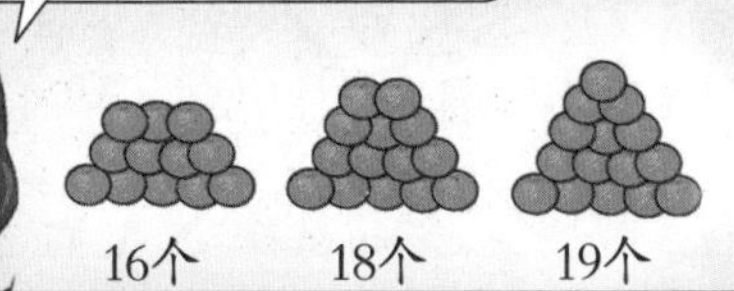
如果第一次我们依序卖16个、18个、19个；剩下的橘子全卖1元，便能卖210×3=630（元），赚10元。

16个
18个
19个
21

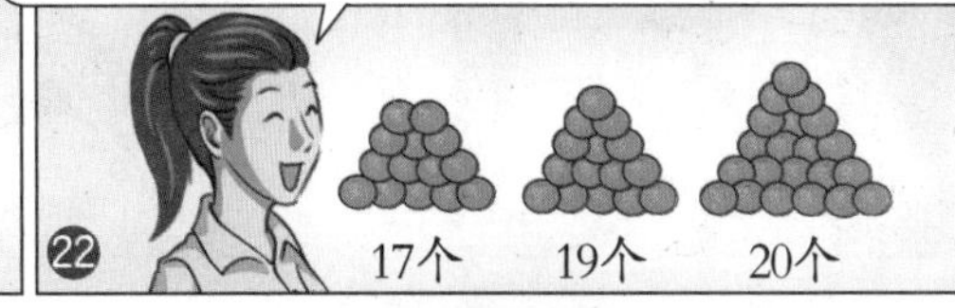
如果第一次我们依序卖17个、19个、20个；剩下的橘子全卖1元，便能卖220×3=660（元），可以赚40元。

17个
19个
20个
22

看来，你们不但聪明，而且很有经营头脑。恭喜你们过关了。

23

这次我不用计算，就可以满足民众的需求，真是太棒了。

24

谜题大公开

如果不考虑橘子的成本，HOW博士也只限定最后三人的收入都要一样，则她们共有18种卖法。因为老三只有20个橘子，所以c不能超过20。根据$b=a+2$，$c=a+3$，把符合的数值一一列出来，便可以得到以下结果：

a	17	16	15	14	13	12	11	10	9	8	7	6	5	4	3	2	1	0
b	19	18	17	16	15	14	13	12	11	10	9	8	7	6	5	4	3	2
c	20	19	18	17	16	15	14	13	12	11	10	9	8	7	6	5	4	3
每人收入	220	210	200	190	180	170	160	150	140	130	120	110	100	90	80	70	60	50

解答：❶ 第一次三人卖的数量依序是$50-a$、$30-b$、$20-c$。❷ $10a+50$、$10b+30$、$10c+20$。❸ $a+5=b+3=c+2 \rightarrow b=a+2$，$c=a+3$。

骗人的硬币魔术

美丽的副警长来了之后，赢得了警员们的一致青睐……
哼！不过是破了几个小案子！

不服输的警长暗中学习小魔术，想要打败副警长……
哇！这个魔术好神奇！
警长又在想什么鬼主意？

我要向你下战书！
什么战书？你太闲了吗？

桌上有十枚一元硬币，我等一下转过身去，你们每人选两枚硬币翻面，然后任意调动硬币的位置！

你想玩什么把戏？
最后你选一枚硬币，把它遮住，我可以准确地猜出它是正面还是反面！

嗯，听起来好像有点意思！
很深奥吧！哈哈！

现在就开始了！记着，一个人一次只能翻两枚硬币。
副警长，警长到底在玩什么把戏？
呵呵，雕虫小技！你们等一下如此这般……

呵呵！我已经记住一开始有几枚硬币是正面，几枚硬币是反面，到时候只要观察没遮住的硬币，就能猜出遮住的硬币是正面还是反面了！

翻完了吗？
好了！

快把其他叠起来的硬币分开放！
你不是只猜这枚硬币吗？跟其他的硬币有什么关系？

难道这个不是魔术？而是骗术？
唉！讨厌！被识破了！
到底是怎么回事呢？
等等！我还没出场呢！

魔术的真相

美丽的副警长来了以后，屡破奇案，成为警员和社区居民心目中的女神。警长为了雪耻，学会了一种硬币魔术，向副警长下战书。玩法是：先在桌上摆出十枚硬币，然后他转过身去，让每个人一次翻两枚硬币，并可以任意调换硬币的位置，再由副警长选一枚硬币遮住，等他转回来，就能猜出被遮住的硬币是正面还是反面，只是副警长早就知道破解的方法了。

呜呜……人家好不容易学会了这个魔术！
有案子不破，光想这些不靠谱的！
不过看在你第一次认真学数学，我就教你变奇偶数魔术的秘诀！
可以变更厉害的魔术吗？

❶把十枚硬币有正有反地放在桌上，让正面有奇数个。接着，一次翻两枚硬币。观察看看，有可能让正面变成偶数个吗？

❷把十枚硬币有正有反地放在桌上，让正面有偶数个。接着，一次翻两枚硬币。观察看看，有可能让正面变成奇数个吗？

❸试试看，改变硬币的数量，维持一次翻两枚的规则，有可能改变硬币正面的奇偶性吗？

好复杂哦！我还是别学了……
怎么一下子就放弃了！关键是：每一次都翻两枚硬币。
15

因为观众都是把硬币两两翻面，所以不管翻几次，硬币正面个数的奇偶性是不会变的！
16

所以当观众把某枚硬币遮住后，警长只要数一下剩下的硬币正面个数的奇偶性是不是跟原来一样，如果一样，被遮住的硬币就是反面；如果不一样，被遮住的硬币就是正面。
17

原来如此！我听懂了，你快点说还有什么更厉害的魔术！
警长，你真的听懂了吗？
18

先别急！把五枚硬币正面朝上，放在桌上，一次翻两枚硬币。试试看，能不能把它们全部翻成反面？
又考我！
19

算了算了！我还是别用数学下战书了，简直是自掘坟墓呀。
警长对数学还是三分钟热度。
20

谜题大公开

警长这次学的魔术是运用了奇偶数运算规律，也就是说偶数不管加减几次偶数，最后还是等于偶数。以HOW博士最后举的例子来说，因为要把五枚硬币翻成反面，每次翻两枚，怎么翻都是偶数个反面，所以答案是不可能。

解答：① 不可能。 ② 不可能。 ③ 不可能。

快餐店的中毒事件

TOP社区的快乐快餐店发生中毒事件，有三名顾客用过餐后上吐下泻，最后陷入昏迷……
1

最近的黑心食品也太多了！真的让人很不快乐！
警长太有正义感了！
2

主食 炸鸡 20 鱼排 30 烤鸡腿 40
饮料 橙汁 16 奶茶 21 咖啡 25
甜点 巧克力蛋糕 24 起司蛋糕 21 厚片吐司 19
烤鸡腿居然要40元，也太贵了！今天可千万不要点！
调查才是重点！
3

别看了！快来问问他们点了些什么，才能拿回去化验呀！
当然……我正打算这么说。
4

他们三个吃了些什么？
啊！我不知道……我刚刚把碗洗掉了！只知道他们都各点了一份主食、一个甜点、一杯饮料。
你不知道要保持现场吗？你是故意毁灭证据吧！
什么？怎么会呢？

警长，我找到他们身上的发票了！
很好！看看吃了什么？
发票上都只有总价而已！
什么？只有总价，分别吃了64元、76元、89元。

没有写清楚买了什么，这种发票没有参考价值。
等等，先别丢掉！
你们看看价目表和发票上的数字，只要互相对照，就能知道他们三个人吃了哪些食品！
你怎么这么快就出场了！

到底吃了什么？

快乐快餐店发生中毒事件，三个顾客分别点了一份主食、一个甜点和一杯饮料，警员在三个人身上找到只有总价的发票，但因为没有标出餐点名称，所以不知道三个人到底共同吃了什么，哪一种食品让三个人中了毒。但HOW博士却说只要有价目表和总价，就能知道三个人分别吃了什么东西！

只有总价就能知道吃了哪些东西？你有“猜心术”吗？
不是“猜心术”！是数学！
数学！那你们继续，我去厨房寻找更重要的证据！
别跑！你是去偷吃吧！

❶ 观察三个总价的个位数，你可以找出三个人分别点了什么饮料和甜点吗？

❷ 用总价减掉饮料和甜点的价格，找出三个人分别吃了什么主食。

❸ 三个人是否吃了同一种食品呢？

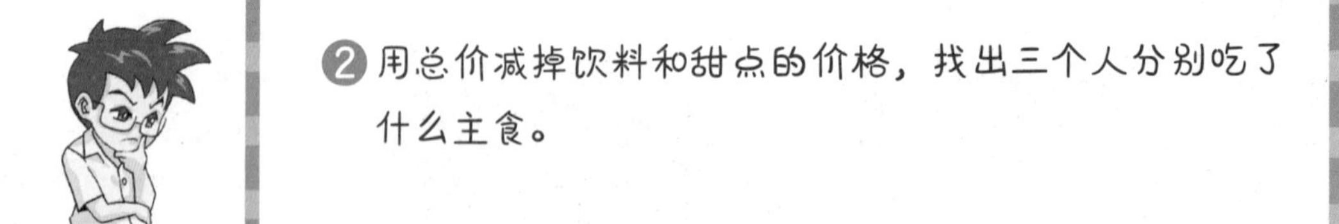

原来只要把个位数分开观察，就能知道每个人分别吃了什么东西了！
哈哈！没错！
遇到数学问题的时候，千万不要立刻下结论，观察也很重要！
说得真好！

不过警长跑哪去了？
他又在贪小便宜了！
哼！虽然只有咖啡有问题，但难保其他的没有问题！帮我打包一份套餐当晚餐……不！我是说当证据！
是是是！

您的套餐好了！
太好了！
警长又吃霸王餐了！
真丢脸！

几个小时后……
呃啊！我中奖了！
肚子痛了吧！谁叫你这么贪吃！
霸王餐没有发票，根本无法推测是什么食物让警长中毒。

谜题大公开

这一次HOW博士利用的是数字相加后的个位数规律，先找出甜点和饮料两项，然后再倒推回去，就可轻松破解每个人吃了什么主食。用同样的方法想想看：如果每个人都点一份主食、一个甜点、一杯饮料，以下哪一张发票的金额不可能是由这家快餐店开出的？

88	75	72	67	60

解答：❶❷三个人分别吃了：咖啡、炸鸡、厚片土司；咖啡、鱼排、起司蛋糕；咖啡、烤鸡腿、巧克力蛋糕。 ❸三个人共同吃的食品是咖啡。
谜题大公开解答：88。（个位数不可能是1、3、8）

致命的巧克力

警长和HOW博士突袭坏博士的犯罪基地，却不幸误入坏博士的陷阱……
哇哈哈哈哈！你们终于落在我的手上了！
你一定是因为数学方面一直输给HOW博士，所以怀恨在心……
对呀！这次用的陷阱跟数学一点关系也没有！
你说什么？我怎么会输给HOW博士！
别小看我！我早就准备了数学炼狱级的大挑战——致命的巧克力！
这不是“只融于口，不融于手”的NN巧克力吗？
想不到你的性格不好，但是却很大方嘛！这些都是要请我们吃的吗？
想吃吗？你得先跟我玩一个游戏……
这里有1号到10号巧克力，你和我依照编号轮流取走巧克力，但一次只能拿一颗或两颗，直到拿走最后一颗巧克力……
一次只能拿一颗或两颗，那我当然每次都要拿两颗，连最后一颗也不放过！

哼哼！最后一颗巧克力是毒药，谁吃到最后一颗巧克力，谁就是输家！哈哈哈哈……
什么？太可恶了！
我就知道他没这么好心！

不过，如果谁能让我被迫拿到最后一颗巧克力，我就放走那个人，这可是你们唯一的逃生机会！

简单！只要注意别吃到最后一颗就好了！我先来！
好呀！为了显示我这个人很公平，就由警长先拿吧！
警长为了吃，连毒药也不怕呀！

过了一会儿……
我好像看到头上好多好多巧克力。
警长，你还好吧！
哼哼！还有人想来挑战吗？

换我！
好呀！我还是让你先挑！
等一下！

坏博士，你作弊！你每次都让别人先挑，这样不管对手怎么拿，你都稳赢！
哎呀！你真多嘴！
什么？我们被骗了？

先拿的阴谋

TOP警局众人为追捕坏博士，竟然误入了坏博士设的陷阱，他们只有通过坏博士的考验，才能安全离开。这个考验的规则是：十颗巧克力，从1到10依序编号，而第10号巧克力里有毒药；双方从1号开始轮流拿巧克力，每人每次只能拿一颗或两颗，最后吃到10号有毒巧克力的人，就是输家！这个游戏乍听之下很公平，但是HOW博士说，只要坏博士都让对手先拿，那么他永远都有办法获胜，这是真的吗？

我懂了！先拿真的比较容易中毒！
警长中了毒，突然开窍了吗？
因为先拿可以吃得比较多，所以更容易沉迷在巧克力当中不可自拔呀！
不是这种“中毒”呀……你真是没救了！
12
13

❶如果巧克力只有一颗（有毒），先拿和后拿谁比较有利呢？如果是两颗、三颗和四颗的情况呢？

❷你发现了什么规则吗？如果还没有，可以继续增加巧克力的数量，试试看。

❸目前巧克力有十颗，想想看，先拿和后拿，哪一种情况比较有利呢？为什么？

一颗到四颗，先拿与后拿看起来没有对谁一定有利呀！
因为到底是先拿还是后拿有利，跟数量也有关系呀！

所以巧克力有十颗的时候，是后拿比较有利喽？
没错！

可是……为什么呢？
所以我才要你们从一颗开始思考起呀！

过了一会儿……
我懂了！想要稳赢，就是想办法让对手只剩下最后一颗可拿！而十颗巧克力的情况下，后拿的人只要把每一轮被拿走的数目凑足三颗，最后一定会剩下一颗给先拿的人了！
你懂了！太棒了！

那你要不要再试试十一颗巧克力的情况呢？
好呀！
咦？警长和坏博士呢？

他们两个因吃了太多巧克力而狂拉肚子，所以坏博士已经束手就擒了！
果然是致命的巧克力呀！

谜题大公开

这次坏博士设计的巧克力陷阱，其实是利用了古老的数学谜题“抢三十”，巧克力的总数和每次可以拿的数量，会决定先拿和后拿谁比较有利。你也可以改变一下总数和可拿数量，画出表格，研究一下其中的规律，然后对着同学、朋友表演一番，让他们大吃一惊！

解答：❶ 一颗：后拿有利；两颗：先拿有利；三颗：先拿有利；四颗：后拿有利。
❸ 后拿有利。只要让剩下的巧克力数比三的倍数多一颗，就可以获胜，所以当巧克力是一、四、七、十颗时，都是后拿有利。

谁在说谎？

警长和HOW博士带队深入犯罪集团总部，抓到了两个跟班。
还不快束手就擒！
呜呜……被抓到了！
1

但当众人深入犯罪集团内部时，看到了一扇门……
犯罪集团还有董事长？当坏人竟然这么嚣张！看我进去把你抓起来！
犯罪集团董事长
办公室
小心有诈！
2

还是先问问这两个跟班吧！
对啊！你们两个说，门后面有什么东西？
3

不要开！你一开门就会引爆炸弹！
才怪！里面没有炸弹！
4
咦？两个人的答案不一样！到底谁在说谎？
他！
5

这是怎么回事呀？
我们两个一个只说谎话，一个只说实话！

坏人还会说实话？
坏人也有诚实的！而且只要我们两个一起出现，就没人搞得清楚真假。

所以大家都叫我们“OX男孩”！

你们是坏人！不要摆出偶像团体的姿势！
我们一向合作迷惑警察，因此在坏人界拥有众多的粉丝！

不要再耍宝了！你们真的一个只说实话，一个只说谎话吗？
当然！这是我们“OX男孩”的处事原则！

那我问你！你觉得你的伙伴会说门后有炸弹吗？
问我吗？他应该会回答……有炸弹吧！

警长，我确定里面没有炸弹了！
真的吗？

是真还是假?

警长和HOW博士攻破犯罪集团总部，逮到两个跟班，而且一个只会说真话，一个只会说谎话。正当警长和博士想进攻密室时，两个跟班一个说门后面有炸弹，一个说没有，到底该听谁的呢?

为什么？你怎么确定门后面没有炸弹?
方法很简单！随便找一个人，问他另一个人会怎么回答门后面有没有炸弹，得到的答案一定会和事实相反。

我明白了，原来你是乱蒙的。这个好方法我常用呀!
谁跟你一样！你还是跟着下面的问题，好好想想吧!

1. 如果门后面没炸弹，跟班A是说真话的那一个，他会怎么回答?

2. 如果门后面有炸弹，跟班A是说谎话的那一个，他会怎么回答?

3. 如果门后面没炸弹，跟班B是说真话的那一个，他会怎么回答?

4. 如果门后面有炸弹，跟班B是说谎话的那一个，他会怎么回答?

好神奇！不管你问谁，答案都会和真实的情况相反！
什么意思？
如果门后面有炸弹，回答就会是没炸弹；如果门后面没炸弹，回答就会是有炸弹！
真的啊！
这是为什么呢？
哈哈！因为这个问题已经把说谎话的和说真话的分别会怎么说一起考虑了，所以最后得到的结果一定与现实相反！
原来如此！那我们快进去吧！
等等！他们只是说门后面没炸弹……
犯罪集团董事长
啊！救命呀！
搞不好还有其他的陷阱。唉！警长还是冒冒失失的！
集团
办公室
哈哈！又有一个笨警察被我们骗了！
不要再摆造型了！

谜题大公开

在古老的数学谜题中，常常出现这类真真假假弄不清楚的问题，可以训练我们的推理能力！不过有些问题像这次一样，可以找到解答，但有些却让人怎么想也想不透，比如你知道下面这句话是真话还是假话？

“这是一句假话！”

如果这是一句假话，那这句话说的就是真的；如果这是一句真话，那么它说的就是假的。是不是很有趣呢？

解答：①跟班A：B会说门后面有炸弹。②跟班A：B会说门后面没炸弹。③跟班B：A会说门后面有炸弹。④跟班B：A会说门后面没炸弹。

夜市的换货陷阱

警长最喜欢巡逻夜市了……
观光夜市
好吃好喝的，今天一网打尽！
应该是把坏人一网打尽吧！
鸡排

警长，那边有情况！
啊！是服装店呀！我对那个没有什么兴趣……

你到底是来查案的，还是来逛街的？
好啦！办案、办案！

到了服装店……
你们怎么吵起来了！
她买衣服不肯付钱！
哪有！我明明就有付！

她昨天跟我买了一件500元的裙子，今天把裙子拿来退，换了一件1000元的外套，结果居然不付钱就想离开！
怎么可以不付钱呢？

警长，你不能只听她的一面之词！
是吗？那你怎么解释？

可是，我昨天给过店员500元了！
那是买裙子的钱呀！

我今天正好带了裙子来逛街，看上了那件1000元的外套，但我只能买一件衣服，所以问她可不可以把裙子还给她，裙子值500元！
1000减掉500，你还要给她500元……

那我裙子也还给你了！
这个那个……反正你就是想骗我的钱！

警长，你觉得我说的有没有道理呢？
呃……这这这……

别这个那个了！知道你不行，已经打电话叫HOW博士赶来了！
哼！

还要付钱吗?

TOP夜市的服装店前发生了争吵，原来是一个顾客买了外套不给钱！店员说：这位顾客拿了昨天买的500元的裙子来换1000元的外套，结果不付一毛钱就要走人。但顾客的说法是：她已经还了500元裙子，昨天也给过500元，当然可以拿走1000元的外套，这到底是怎么回事呢?

哈哈……事情不是很清楚吗？这个顾客在诡辩呀！
真的吗？但听起来很有道理！
⑫

只要把双方分别收到的价值写出来，一下子就能明白问题所在了！
⑬

❶ 想想看，前后两次交易，店员总共收到多少钱和价值多少的物品？总价值是多少？

❷ 想想看，前后两次交易，顾客总共收到多少钱和价值多少的物品？总价值是多少？

❸ 顾客到底该不该再给店员钱呢？如果要给，应该给多少钱？

我懂了！店员给顾客的总价值是1500元，但顾客给店员只有1000元，1500元减掉1000元，顾客还要给店员500元才对！
14

没错没错！
这真是个巧妙的语言陷阱！
15

你这个家伙，还不赶快付给人家500元！
呜呜……被拆穿了！
16

本来以为只有警长过来，就可以轻松过关！
什么？看不起我！
17

这点她倒是很有眼光！
哼！才不是！
18
都是你！从现在开始，所有的衣服都只能卖500元，找钱或换货时就不会算不清楚了！
什么？那我会赔钱啊！
警长，不要耍小孩子脾气了！
19

谜题大公开

在找钱和换货的时候，常常会发生这类算不清楚的状况，这时只要把握一个原则：简简单单地分类；找出双方分别收回或支出的价值（包括钱和物品），很快就能厘清思路，走出数字迷雾了！

解答：① 店员收到500元和一件价值500元的裤子，总价值等于1000元。② 顾客收到一件价值500元的裤子和一件价值1000元的外套，总价值等于1500元。③ 顾客应该再给店员500元。

打乱的比分

最近大家都胖了，要好好利用这两天特训减肥。
自己想减肥，硬拉大家来。
为什么我也被骗来特训？
先比赛踢足球，输的人要帮大家准备晚餐。
好啊！可以甩肉，又很有趣。

既然大家想踢球，就分成三队，每队2人，1人守球门，1人踢球。

俊男队		
美女队		
瘦身队		

游戏规则是什么？
每次抽两队踢球，另一队计分。进 1 球得 1 分，10 分钟内，进球最多的，另加 10 分；如果平手，各另加 5 分。

没带纸笔，用什么计分？
我有糖炒栗子，用它计分吧！

要减肥，还买这么多巧克力、饼干……

没……没有，这是要请大家吃的。

就用巧克力代表俊男队，棒棒糖代表美女队，饼干代表瘦身队。假设俊男队进1球，便放1颗糖炒栗子到巧克力右边，懂了吗？

队名	进球数	加分

懂了！

来比赛喽！俊男队，加油！加油！

40分钟后……
惨了，计分的时候，不小心把巧克力、棒棒糖和饼干吃掉了。而且还把进球得分和另加的10分、5分给混在一起了。
警长，你没救了！

现在只看得出三队的总分是7分、10分、25分，不知道各是哪队的分数。
进球数能还原吗？我们比了几场球赛？

我记得我们有一场踢进3个球。
我们美女队全胜，没输球，也没有战成平手。

我们第一场得0分。
那是还没热身好，后来不就踢成平手了。

得分的真相

TOP警局周末进行特训，大家分成三队比赛踢球。最后只知道三支队伍各自的总分，他们到底比了几场？每一队的进球数能还原吗？

真糟糕，怎么知道三队分别得分多少啊！
先将大家还记得的信息，用表格整理出来。
13

组别	比赛信息
俊男队	一平一负，有一场得分是0
美女队	全胜
瘦身队	有一场进球数是3

从三个比分得知，大家都参加了比赛。
这不是我们刚刚就知道的事情嘛……
14

组别	总分
A队	7
B队	10
C队	25

❶每场比赛10分钟，从比赛开始到警长吃掉巧克力等，只用了40分钟，扣掉抽签、换场的时间，最多能踢多少场球赛？

❷美女队全胜，他们的总分应该是多少？

❸俊男队和哪一队踢成平手？得0分的那场，是和哪一队比的？

△：平手　○：赢　×：输

组别	结果	结果	结果	进球总数	加分
俊男队	△	×			
美女队		○			
瘦身队	△				

从俊男队提供的信息，可以推测出两场球赛。

瘦身队进了3个球，踢成平手，该得8分，怎么总分只有7分呢？
进3个球那场是和美女队踢的！

组别	结果	结果	结果	进球总数	加分
俊男队	△	×			5
美女队		○	○		20
瘦身队	△		×	至少有3个	5

我把三场比赛的结果整理好了，7分一定是俊男队。

这样就可以倒推进球总数了。
什么！俊男队垫底！

△：平手　○：赢　×：输

组别	结果	结果	结果	进球总数	加分	总分
俊男队	△	×		2	5	7
美女队		○	○	5	20	25
瘦身队	△		×	5	5	10

我们的进球数和瘦身队一样呀！
和警长踢球最轻松了，随便进1个球就赢了。

这样就可以还原每场比赛的分数了。

组别	进球数	加分	得分
俊男队	0	0	0
美女队	1	10	11

组别	进球数	加分	得分
俊男队	2	5	7
瘦身队	2	5	7

组别	进球数	加分	得分
美女队	4	10	14
瘦身队	3	0	3

*因为美女队赢瘦身队，所以美女队这场至少踢进4个球。

俊男队输了，晚餐就麻烦你们了。
接下来的比赛，能不能换队？
不行！

谜题大公开

这几场足球比赛大家记住的信息散乱，不容易抓住关联性。这时可以利用表格整理法，将信息一一列出来，便能找出答案了。有些数学题目会给出很多条件，也可以利用这种方法，整理每条信息，找出答案。

解答：❶ 3场。❷ 25分。7分、10分、25分之中，只有25分超过10分，所以美女队总分为25分，其他两队不是输球，就是打成平手。❸ 和俊男队踢成平手的是瘦身队；另一场球赛，俊男队以0分输给美女队。

有趣的时钟猜谜

请捐钱给儿童福利院！我先捐100元。
我们各捐150元。
我捐360元，警长，你要捐多少？
这个月有点拮据，我要缴房贷、父母的医疗费、小孩的学费，还有……
警长，你是想存钱换手机吧！
你怎么知道？
我会读心术呀！
你一定是猜到的。
既然不信，那来猜谜。我猜对了，你捐1000元；猜错了，我捐1000元。
这、这……好，就这样吧！
我来出题，这里有24张数字牌，我洗过了，你随便抽一张。

就这张。
看好，我把它放在第13张的位置。
前面12张牌，你可以都取走，或留几张给我。

我拿走5张，剩下的都给你。

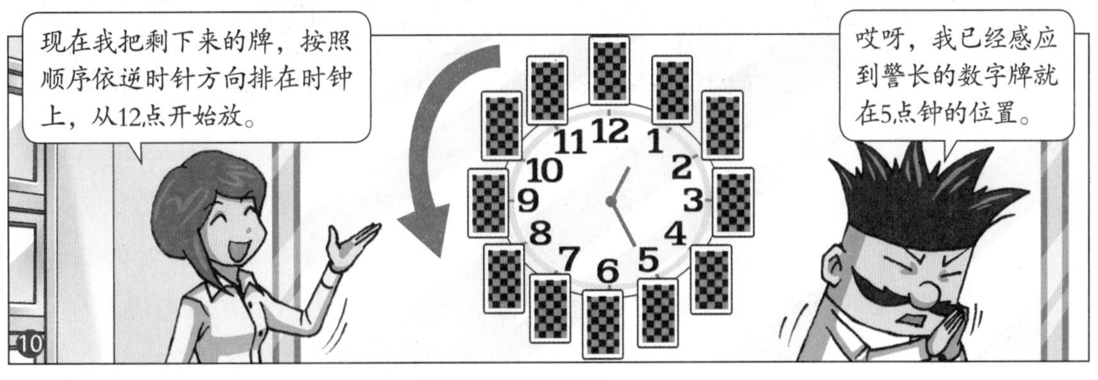

现在我把剩下来的牌，按照顺序依逆时针方向排在时钟上，从12点开始放。
哎呀，我已经感应到警长的数字牌就在5点钟的位置。

我不信。
我相信HOW博士猜的！

答案揭晓，5点上是7！
警长，捐钱吧！

纸牌7在哪里？

警长和HOW博士玩猜数字游戏，HOW博士如果猜中警长选的数字，警长得捐1000元；猜错，HOW博士捐1000元。现在，HOW博士猜对数字了，警长会爽快捐钱吗？

你们两个一定串通好了。
我真的会读心术。
不然再玩几次，HOW博士全猜对，就捐1000元。

❶ 猜数字游戏第二回，警长抽到数字6，并放在第13张的位置。这回，他拿走前面的8张数字牌，副警长将第9张开始的数字牌，依逆时针方向放在时钟外，请问数字6会在几点位置？

❷ 猜数字游戏第三回，警长抽到数字23后，同样放在第13张的位置。这回，他拿走前面全部（12张牌），副警长再将剩下的12张牌，依逆时针方向放在时钟外，请问数字23会在几点位置？

❸ 想想看，取走的数字牌张数和排在时钟外的数字牌位置，有什么关系？

玩三次我全猜中了，捐钱吧！
我身上只有600元，先捐600元。没想到你真的会读心术。
15
没什么啦，只是用点数学技巧。我画直线坐标图给你看。第一回，数字7在第13张。
7
0 1 2 3 4 5 6 7 8 9 10 11 12 13 14 15 16 17 18 19 20 21 22 23 24
16
拿走5张，数字7就会落在第8个位置。
7
0 1 2 3 4 5 6 7 8 9 10 11 12 13 14 15 16 17 18 19 20 21 22 23 24
取前12张牌 ⇨ 1 2 3 4 5 6 7 8 9 10 11 12
12 11 10 9 8 7 6 5 4 3 2 1
也就是在倒数第5个位置。
17
将剩下的数字牌从12点开始依逆时针方向放，最后1张放在1点，就是倒数了。
为什么不管我取走多少张，你都能马上猜出来？
18
n=1、2、3、4、5、6、7、8、9、10、11、12
拿1张，在倒数第1张；拿2张，在倒数第2张……真的啊！
这可归纳出一个结论，拿走n张牌，抽中的数字“x”正好会落在倒数第n张。
19
x
0 1 2 3 4 5 6 7 8 9 10 11 12
12
12－n
写成算式就是：12-（12-n）=n。
20
原来我被骗了，把钱还我！
谁来救我呀！
21

谜题大公开

时钟猜谜游戏虽然只用到加减法和排序的概念，但因为加了抽数字牌、逆时针排列等动作，所以很容易迷惑玩家。不甘心的警长继续和HOW博士玩猜谜，这次他要求将抽到的数字17放在第12个位置，并拿走倒数5张牌。警长还要求将倒数12张牌依顺时针方向排在时钟外，请问数字17会出现在几点？

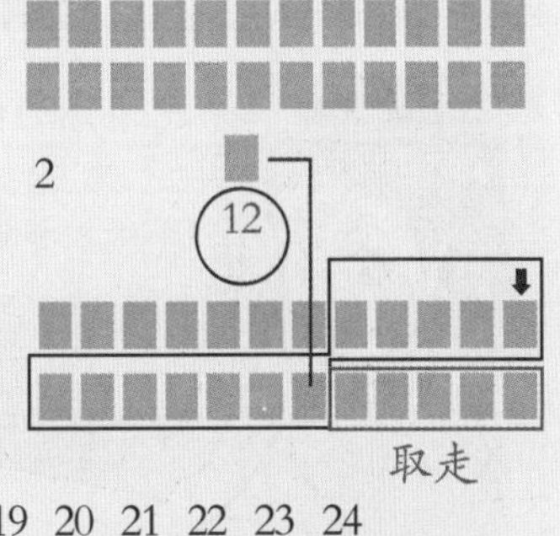

1
2
12
取走

17

1 2 3 4 5 6 7 8 9 10 11 12 13 14 15 16 17 18 19 20 21 22 23 24

12 11 10 9 8 7 6 5 4 3 2 1 ⇦ 取倒数12张牌

11 10 9 8 7 6 5 4 3 2 1 12 顺时针方向排在时钟上

解答：❶8点。❷12点。❸答案见内文。谜题大公开解答：7点。

“蒙面三侠”偷了多少钱？

“蒙面三侠”偷钱后，逃到山中的小屋，并拍照留念。
我是Miss one。
我是Miss two。
我是Miss three。

我们“蒙面三侠”的照片，已经传到网络上了，引起热烈的讨论。

好困呀，偷来的钱明天分吧！

赞成，我也要睡美容觉了。

1小时后，Miss one偷偷起来想多拿一点钱……

做什么……

吓我一跳！原来在说梦话。

1:00

把偷来的钱平均分3份，多1元放皮包。拿走其中1份，应该不会被发现！
1:30

过了一会儿，另一人起床，悄悄做了同样的事。
钱平均分3份，多1元放口袋，再拿走其中1份。
2:00

又过了一会儿……
钱平均分3份，多1元放钱包，再取走其中1份。

隔天早上……
懒鬼们，你们的睡姿都上传到网络上了，快起来分钱啦！

钱平均分3份，每人可得823元。多的1元我要，因为我最漂亮。
昨天我多偷6片土司给你们吃，1元是我的。
1元我要，蒙脸面具是我提供的！

你们被包围了，快投降吧！
怎么被找到了？

因为网友提供了线索啊！
都是你上传照片到网络上！

我们偷来的钱全在桌上，钱包的钱是正当赚来的。
少废话，先没收钱包。

老板，这是搜到的赃款。
我不知道被偷了多少钱，但我确定不会这么少！
看来得找这3人问话了！

老板被偷了多少钱?

“蒙面三侠”偷钱后，逃到山中的小屋躲起来。晚上，三人各自将偷来的钱拿走一些，放进自己的口袋，她们分别私藏了多少钱?被偷的钱，能全部追回吗?

在警方讯问下，“蒙面三侠”说出了当晚悄悄拿钱的事，但是……
我忘了拿了多少钱。
钱包里有偷来的钱，也有我赚的钱，我忘了拿了多少钱。
我只记得先拿了一块钱，之后拿了多少钱，没印象了。

❶ 警察从桌上搜到的赃款，一共多少钱?

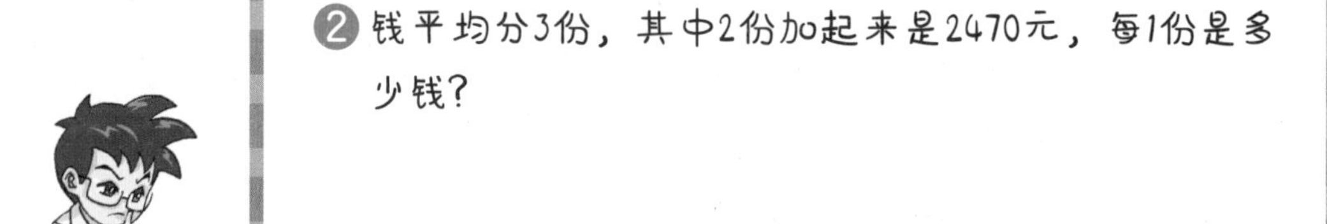

❷ 钱平均分3份，其中2份加起来是2470元，每1份是多少钱?

❸ Miss three拿了多少钱?

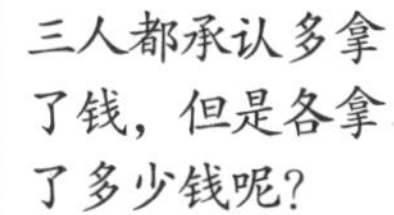
三人都承认多拿了钱，但是各拿了多少钱呢？

拿纸笔来，我算给你们看。

先算Miss three，再依序倒推Miss two、Miss one拿的钱，最后便知道一共偷了多少钱。
听起来有点复杂。

由Miss three取走的钱，可以倒推她平均分3份时，有多少钱。
1235
1235
1235+1
Miss three拿走的钱
Miss three未拿钱时有：3706元
那Miss two呢？

我们查出来了，“蒙面三侠”一共偷了8341元。

这是Miss two、Miss one偷的钱。

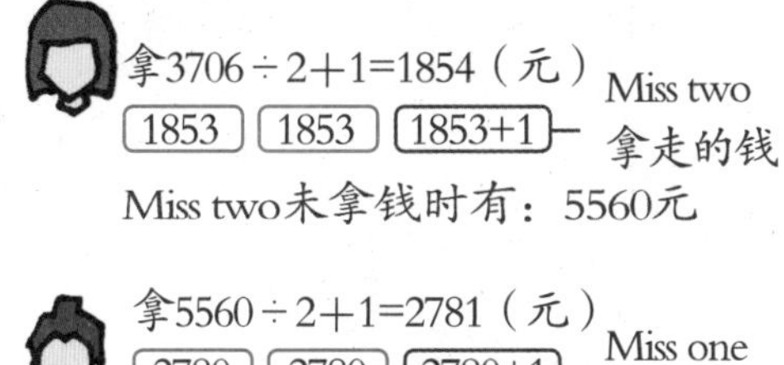
拿3706÷2+1=1854（元）
1853
1853
1853+1
Miss two拿走的钱
Miss two未拿钱时有：5560元

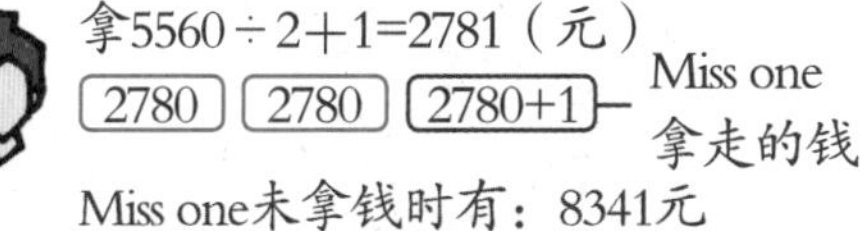
拿5560÷2+1=2781（元）
2780
2780
2780+1
Miss one拿走的钱
Miss one未拿钱时有：8341元

哇！办案速度真快，你们没逼供吧！

怎么会呢，我们是用数学办案，警员们都很佩服我。

这是一点小礼物，请收下。

好香啊！
不能收啊！这算贿赂警察！

谜题大公开

偷钱的问题，看似复杂，只要用“倒推法”即可解出答案。它就像收礼物，我们想取出礼物，得要“拆开包装纸 →打开盒子 →拿出礼物”。如果重新包装，便得“放回礼物 →盖盒盖 →封包装纸”，顺序倒过来，动作也相反。这种倒着思考的方法，在数学上称“倒推法”。

解答：❶ 823×3+1=2470（元）。❷ 2470÷2=1235（元）。❸ 1235+1=1236（元）。

吃霸王餐的顾客

TOP警局对面的面线店老板，气冲冲地跑来报案……
警长，有人吃霸王餐！

什么？竟敢在警局门口吃霸王餐！
我没有！

这个人刚刚跟我买了一碗三十元的面线，吃饱后没付钱就想走！
哪有！我点面线时就给钱了！

那是你忘记了！总之我已经给过钱了。
我一点印象都没有！

别吵了！你说自己有付钱，那有收据或发票吗？
小吃店免开发票，也不会主动给收据。

这就难办了！你确定自己真的付钱了吗？
当然！我今天带了85元出门，拿了三张10元付账，身上剩下55元。
那只是你的一面之词！

那你记得在付钱之前，身上有哪几种面额的钱吗？
呃？你是谁啊？
就50元、10元、5元、1元都有吧！怎么了？
原来如此！

你说谎！你根本不可能拿出三张10元来付账的！

到底有没有付钱？

面线老板今天来警局报案：有个顾客吃完面线不给钱。但顾客却说他早就付过了，因为小吃店免开发票也不会主动给收据，所以案情陷入胶着状态！顾客还说，他今天带85元出门，拿了三张10元付账，身上还剩55元，而且在没付账之前，身上有50元、10元、5元和1元面额的钱。聪明的HOW博士从这种说法中，顺利地揭穿了顾客的谎言！

HOW博士，你也爱吃那家的面线吗？
对呀！他们家的面线便宜分量又足！
10

没错！老板很糊涂，常常会算错钱，真的好便宜呀！
警长，你也占过老板便宜吧？
11

请依照下面的步骤，找出顾客这85元的可能分配方式：

❶ 如果一定要有50元，想想看：可以有多少张50元？

❷ 如果一定要有50元，想想看：可以有多少张10元？

❸ 如果一定要有50元、10元，想想看：可以有多少张5元和1元？

我明白了！因为85元中面额为50元、10元、5元、1元的都要有，那根本不可能有三张10元！
没错！
这是为什么？假设有一张50元，85－50=35（元），可以有三张10元呀。
但是这么一来，就只能有一张5元，不能有1元了！
所以，你说谎！
什么？被发现了！
多谢你们！我常常算错账，很多人都占我便宜！
这样真危险！你还是请个数学好一点的服务员吧！
说到算错账！我刚刚听到有人说：我常常算错钱，他觉得好便宜？

警长，你怎么突然要出门巡逻？
呃……
他是贪小便宜心虚了！
警长快过来道歉，还钱吧！

谜题大公开

这次HOW博士利用钱币的组合，找出了吃霸王餐的客人话中的漏洞，这种方法叫“枚举法”：在题目的范围内，找出所有的可能性。虽然看起来有点笨笨的，但当问题陷入胶着状态时，却是非常好用的方法。

解答：❶只有一张。 ❷一张或两张。 ❸如果10元只有一张：85-60=25（元），5元最多可以有四张，其余都是1元；如果10元有两张：85-70=15（元），5元最多有两张，其余都是1元。

老板被绑架了

TOP公司的老板被坏人绑架了，歹徒要求交出公司的机密文件。
警长，老板的重要文件都存在这个资料夹里。
老板每次按密码，都会跟我要这张纸条。
但是密码只有老板知道。
将数字1～9填入空格。数字要满足竖式减法，每个数字只能用1次，已经填好3个数字了。
□□9
－□8□
5□□
解出这九宫格，就能破解密码了。
歹徒要求今晚9点之前，把文件发到这个电子邮箱。
放心交给我吧，我的金头脑是全警局最好的。
警长，那依你的智慧，该怎么解题？

就6个数字，一个个代进去试，迟早会找到答案，我这就解给大家看！

一个小时过去……
别过来，快解出来了。
警长，要不要帮忙？

HOW博士
有要事，请快到TOP公司。

警长，你找我做什么？
原来警长找帮手了。

这不叫帮手，是助手。
那HOW博士要怎么协助你啊？

重要的工作我都完成了，空格我都填上A、B、C、D、E、F，用英文代替未知数。
E C 9
− F 8 A
5 D B

而且我研究了这么久，也归纳出了几个等式。
这我也会。
E−F=5
C−8=D
9−A=B

如何解出密码?

TOP公司的老板被绑匪绑走了，他们要求晚上9点之前，把公司的机密文件发给他们，但资料夹的密码只有老板知道，警长或HOW博士会用什么方法破解密码呢?

警长，你的等式不太正确，就算给你十天，也解不出来。

咦？错在哪了？
你没有考虑“借位”的情况。

❶ 算式内数字为1~9，扣除5、8、9，剩余6个数字是什么?

	E	C	9
−	F	8	A
	5	D	B

❷ 先看个位数，请判断9-A有没有借位？并列出A、B可能的数字。

❸ 请判断十位数中，C-8有没有借位？并列出C、D可能的数字。

什么借位，我头都晕了。
唉，警长的金头脑果然没用。

别闹了，先解题吧！先看个位数，1～9当中，最大的数是9，所以个位数没有借位。

剩下的数都比8小，十位数一定有借位，C+10−8=D。
没错。
目前得到两个式子：A+B=9和D−C=2。

符合A、B、C、D的数字有好几组。
那就看E−F能不能缩小范围。E借1给十位数，所以E−1−F=5，E−F=6。

符合E−F=6的，只有7−1。
A可能是6、3，对应的B可能是3、6；1、3、6、7都出现了，所以C是2，D是4。

终于解出来了。
还好还有2次输入密码的机会，我这就来试试。

警长，绑匪已经抓到了，他们说经理是同伙。
可恶，差一步就能拿到公司的经营权了。
哼！都是你，害我忙了这么久，有事回警局说。

谜题大公开

填入数字1～9的游戏，由于有6个未知数，并且要考虑有无借位，列出来的算式相当多，所以解题之前，一定要运用数字大小，判断是否有借位，才能省去计算步骤。试试看，将数字1～9填入下面的竖式减法中，空格里的数字是什么呢？

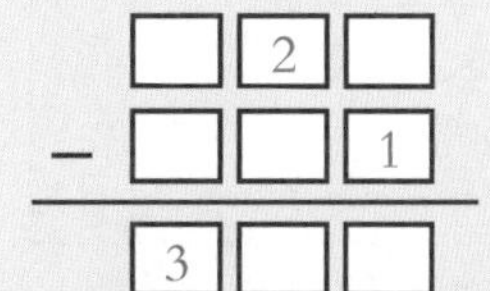

解答：❶ 1、2、3、4、6、7。 ❷ 因为任何数字都小于9，所以9−A没有借位。9−A=B，A+B=9，A可能是2、7、6、3，对应的B可能是7、2、3、6。 ❸ 剩下的6个数字都比8小，所以C−8有借位。C+10−8=D，D−C=2，C可能是1、2、4，对应的D可能是3、4、6。

谜题大公开答案：
$$\begin{array}{r} 927 \\ -541 \\ \hline 386 \end{array}$$

满300元，抽轿车！

我买了400元的东西。
满300元，抽轿车
祝您好运，请抽奖。

中大奖、中大奖……

哇，恭喜您，中奖了！
警长手气真好，我和副警长都没抽中。

因为我经常做好事呀！
先生，奖品在柜子里，请用这把钥匙打开奖品柜，柜子有编号，号码请参考这张纸的叙述。
这么多奖品柜，来看看我的是多少号。

这……

奖品放在靠过道的奖品柜里，奖品柜号码是N，不是5的倍数、N减1是6的倍数、N除以7余1。

20分钟内没有取出奖品，视为弃权。

您好，我们这儿有200个奖品柜，编号1～200号，请问您要开哪个柜子？
靠过道的。

一共有100个奖品柜靠过道放，每柜有5层，一层有4格，是哪个呢？
一个个试吧！
1、4、5、8号打不开，换16号柜。
你这样开锁，要开到什么时候啊！

有志者事竟成！要拼，才会赢。
警长，加油！

咦，警长改行当锁匠了？
他的奖品锁在某个柜子里。
帮我看看，这是哪个柜子的钥匙？
嗯，我来看看。

奖品在哪个柜子里?

警长抽中的奖品锁在柜子里，卖场一共有200个奖品柜，奖品在哪一个柜子呢？HOW博士真的一眼就能看出答案吗？

这么快就知道答案，不是骗人的吧？
先给个提示，奖品放在靠左边过道的柜子里。
14

为什么不是右边呢？
这样也还要找50个柜子，再给点提示吧！
15

❶ 请分别任意列出4个靠左边过道和靠右边过道的置物柜号码。

❷ 请将列出来的数字除以4，它们的余数各是多少？

❸ N-1是6的倍数，N是偶数还是奇数？

我知道了，奖品柜号码N是奇数，靠右边走道的柜子全是偶数，所以奖品在左边的柜子。
提示说N÷6、N÷7的余数都是1。
16

符合条件的有43、85、127、169。
大家对数学怎么这么拿手？
17

你们漏了个条件，靠左边过道的奖品柜号码除以4之后，余数也全是1。所以不是找6、7的公倍数，而是求4、6、7的公倍数。
18

1÷4	2	3	4
5÷4	6	7	8
9÷4	10	11	12
13÷4	14	15	16
17÷4	18	19	20

“公背数”是要背什么？
公倍数是几个数字公有的倍数，例如4和6公有的倍数是12、24、36……其中12是最小公倍数。
那4、6、7的公倍数就有84、168、252……
把公倍数加1，就是警长要找的号码。
编号只到200，所以可能在85号或169号柜子。84+1=85，168+1=169。
N不是5的倍数，那就是169号柜子。
我要开奖了！轿车、轿车、轿车……
怎么开个奖，这么紧张。
169
高级弹性丝袜一双！这……
谢谢警长，我就勉为其难地收下喽！
161
165
166
168
170
173
176

谜题大公开

计算余数相同的题目，都会用到公倍数解题，即求出除数中的公倍数，再加上余数，便能找到答案。要找4、6、7的公倍数，可用短除法算最小公倍数：

①找出可以共同整除所有数的质数，若仅两数有共同的质数，则只整除那两数。

★4和6同时除以2，把商写在下方，7无法被2整除，则直接放下。

$$
\begin{array}{r|rrr}
2 & 4 & 6 & 7 \\
\hline
 & 2 & 3 & 7
\end{array}
$$

直接放下

②把左方和下方的数字全部相乘，即为4、6、7的最小公倍数。

$2\times2\times3\times7=84$。

解答：❶靠左边过道的奖品柜：1，5，9，13……靠右边过道的奖品柜：4，8，12，16……　❷靠左边过道的奖品柜号码除以4的余数：全是1。　靠右边过道的奖品柜号码除以4的余数：全是0。　❸$N-1$是6的倍数，表示$N-1$为偶数，则N为奇数。

打靶测验谁该重考？

各位，今天进行打靶测验，请大家认真射击！
总分最低的人要重考。

分数怎么算呢？
我绝对不会垫底。

这次考试，由我计分。每个人射击三次，每次10发子弹，打中红心得1分，满分30分。
射中红心才有分数，真严格。

我先来吧！

换我来！

终于考完了，希望不要重考。
HOW博士，我们要查分数。

好的，都记在计分档案里。
我先看。

咦？平板电脑中毒了吗？怎么出现计分档案损毁的提示信息？
奇怪？刚才还好好的。
错误

HOW博士，你记得大家的分数吗？
我记得副警长是满分，其他四人把各自的三次射击分数相乘后，答案都是60。

相乘是60，那表示大家平手。
相乘都是60，相加的总和不一定一样好吗？
啊！我想起来了，只有警长拿过4分，所以他是最后一名。
HOW博士，你不能因为讨厌我，就说我垫底，明明还有人拿过1分。
我怎么会讨厌你，你是真的要重考。

找出垫底的警员

TOP警局的警员今天进行打靶测验，没想到计分档案竟然损毁。HOW博士为什么能根据片段的记忆，就斩钉截铁地说警长要重考呢？

我确实拿过4分，但凭什么说我是最后一名？
只要把60写成三个正整数的乘积，就能知道为什么你是最后一名。
14
15

❶ 将6写成两个正整数a、b的乘积，请问共有哪几种写法？（不考虑先后顺序，即$a \times b$和$b \times a$为同一种写法）

❷ 将12写成两个正整数a、b的乘积，并且a、b小于10，请问共有哪几种写法？（不考虑先后顺序）

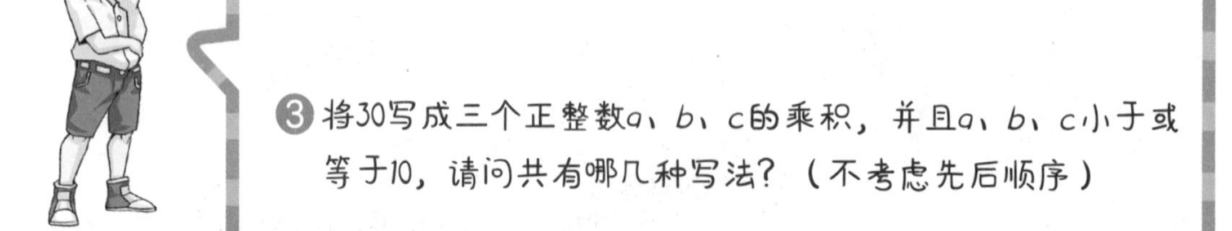

❸ 将30写成三个正整数a、b、c的乘积，并且a、b、c小于或等于10，请问共有哪几种写法？（不考虑先后顺序）

把60拆成三个数字相乘，只有4种结果。

哪4种？
3×4×5，2×6×5，2×3×10，1×6×10。

除了副警长之外，大家的得分都在这4种情况里：3分、4分、5分；2分、6分、5分；2分、3分、10分；1分、6分、10分。
对了，我记得我拿过3分，没有拿过4分。

我拿过1分。
我的最高分是6分。

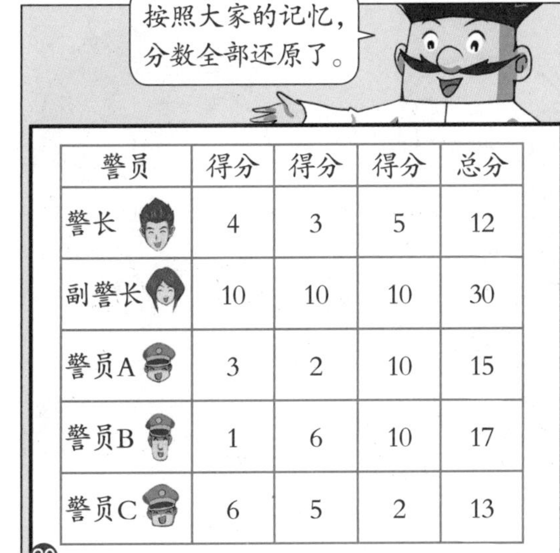

按照大家的记忆，分数全部还原了。

警员	得分	得分	得分	总分
警长	4	3	5	12
副警长	10	10	10	30
警员A	3	2	10	15
警员B	1	6	10	17
警员C	6	5	2	13

故意弄坏档案，依然躲不过补考的命运。
好险，有警长垫底。
咦？计分档案该不会是警长故意弄坏的吧？
我……我怎么可能做这种事。

谜题大公开

将60写成三个正整数a、b、c的乘积，并且a、b、c小于或等于10，方法除了凭感觉硬凑，还可以做质因数的排列组合。像60=2×2×3×5，质因数有2、2、3、5，只要将这4个数字相互配对，排成三行，便能找出以下三组符合条件的答案：

2×2	3	5

2	3×2	5

2	3	5×2

按照画线分隔，放进方框内。

解答：❶ 6=2×3=1×6。
❷ 12=2×6=4×3。
❸ 30=2×3×5=1×6×5=1×3×10。

黑心老板的土地诡计

黑心老板郝晓器卖了一块土地给富翁甄大亿，而且他说一样的价钱，有两块不同的三角形土地可以选择……

你可以选择边长为10米、10米、10米的三角形土地，或是10米、10米、20米的三角形土地！
这两块土地的面积听起来差很多！品质都一样吗？

当然！土地的品质都差不多，差别只是面积不同……嘿嘿！
第二块土地其中一条边比较长，当然是选第二块呀！

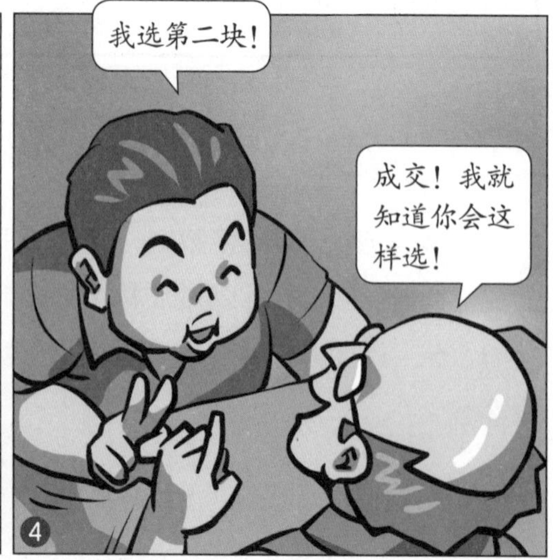
我选第二块！
成交！我就知道你会这样选！

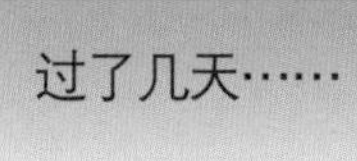

过了几天……

两人闹到了警局……

郝晓器你实在太过分了！第二块10米、10米、20米的三角形土地，根本不存在呀！
嘿嘿！这可是你签好的合约，不能反悔呀！

什么10、15、20的？在玩数字游戏吗？
警长，他们说的是三角形土地的边长！

咳咳……我当然知道！但是一块三角形土地怎么会凭空消失呢？
警长开始思考了！加油！
我对他没什么信心！

我知道了！因为它是百慕大三角！
唉……原来还是老样子！
我就知道！还是找HOW博士来解决吧！

凭空消失的土地?

郝晓器是一位小气又奸诈的黑心老板，他卖给了富翁甄大亿一块土地，而且说甄大亿可以从两块不同边长的土地中任选一块：第一块三角形土地的边长是10米、10米、10米；第二块三角形土地的边长是10米、10米、20米。而甄大亿选了其中一条边比较长的第二块。但没几天，甄大亿却发现自己受骗了，第二块土地根本不存在，这到底是怎么回事呢?

呵呵……关于这个问题，你们去买几杯饮料，我用吸管跟你们解释一下三角形边长的特殊关系……
是!
10
哈哈！HOW博士要请喝饮料吗?
唉！你就先去一边喝饮料，别来捣乱了！
11

❶ 裁切三根各10厘米的吸管，摆摆看，可以摆成三角形吗?

❷ 裁切两根各10厘米、一根20厘米的吸管，摆摆看，可以摆成三角形吗?

❸ 想想看，第二块三角形土地为什么会不存在呢?

❹ 想想看，要成为一个三角形，三条边必须要有什么关系呢?

我知道了！虽然第二块的某一条边看起来比较长，但是10米、10米、20米反而无法组成一个三角形！
没错！所以你可以推断出一个三角形需要什么样的三边关系吗？
看来三角形的任意两条边加起来都要大于第三条边，这样才会像个小山一样凸起来！
没错！没错！这就是三角形重要的三边关系！
看吧！郝晓器从一开始就想骗我！
你可是签了合约的！
算了吧！你一开始还不是抱着贪小便宜的心态！
什么？
说到贪小便宜……
怎么了？
警长趁我们不注意，把所有的饮料都喝了！
他把自己当成犀牛了吗？
嗝……

谜题大公开

HOW博士这次使用的数学知识是三角形的三边关系：三角形两边的和大于第三边，三角形两边的差小于第三边。聪明的你，不妨多找几组边长试试看，验证一下以上说法是否正确。

解答：❶可以。 ❷不可以。 ❸其中两条10米的边长的和等于20米的边长，无法组成三角形。 ❹三角形两边的和大于第三边，三角形两边的差小于第三边。

切蛋糕的秘诀

TOP警局的下午茶，警长破天荒地说要请大家吃蛋糕……
警长今天发生什么事了？
警长是不是失恋了？
还是家里有人生病了？
还是他脑袋短路了？
别担心啦！昨天他被我抓到上班时间睡觉，所以我罚他今天买蛋糕给大家吃。
原来如此！副警长万岁！
哇！警长真是大手笔，买了这么大一个蛋糕！
当然呀！我们警局有五个人啊！

光顾着聊天，到底要不要吃蛋糕？
当然要！
嘿嘿！那我打开喽……
万岁！

什么？这么小的蛋糕？一个人吃都嫌小！我就知道警长没这么好心！

算了！就当尝味道了！
不过，五个人要怎么分呢？

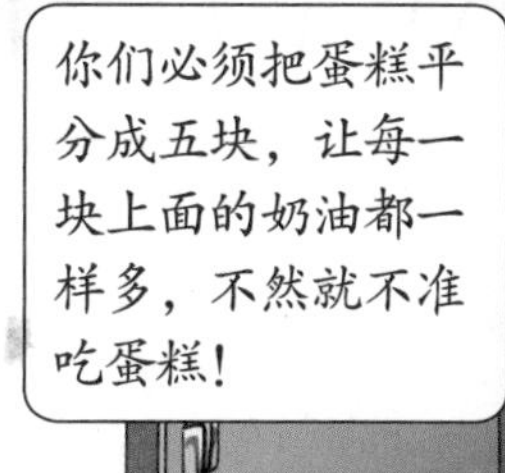

你们必须把蛋糕平分成五块，让每一块上面的奶油都一样多，不然就不准吃蛋糕！
什么？还要先算数学才能吃？

过了很久……
五块怎么切啊！
好难呀！不能多切一块，让其中一个人多拿一块吗？
警长太小气了！
哼！当然不行！看来我要没收蛋糕了！

警长，别难为部下了！
博士你也来抢蛋糕吗？

蛋糕怎么切?

警长今天请大家吃一块宇宙无敌超级小蛋糕，而且还要平分给五个人！更过分的是，他还要求警员必须把每一块蛋糕上方的奶油分得很均匀。幸好，HOW博士刚好来到警局，跟大家一起想办法。到底要怎么切，才能把这块蛋糕平分成五块呢?

这么小的蛋糕，有什么好抢的?
那就好！那蛋糕就归我啦！
不过切蛋糕是个很有趣的数学问题，可以研究看看……
哇！讨厌！我的计划又泡汤了！

❶ 要把这块蛋糕平分成两块，怎么切才能平分上方的奶油?

❷ 要把这块蛋糕平分成四块，怎么切才能平分上方的奶油?

❸ 要把这块蛋糕平分成八块，怎么切才能平分上方的奶油?

❹ 想想看，上面的切法和蛋糕奶油面的周长有什么关系?

切法和周长？啊！有了！如图所示，蛋糕的奶油面可以看成是正方形，每一刀都经过中心，切完后，每份的周长都一样。
平分成两块
平分成四块

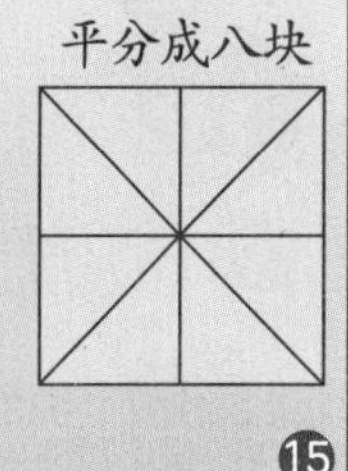

平分成八块
15

真的呀！
16

如图所示，只要把蛋糕奶油面的周长分成五份，然后从中心往外切，一样可以把蛋糕平分成五份。

真的吗？你怎么证明呢？
很简单！只要把这几份蛋糕的奶油面拼起来……
17

如图所示，拼起来后，奶油面可以看成是三角形。这些三角形的底和高都是相同的，所以面积自然也一样。用这种方法，就能把这块蛋糕平分成五份。

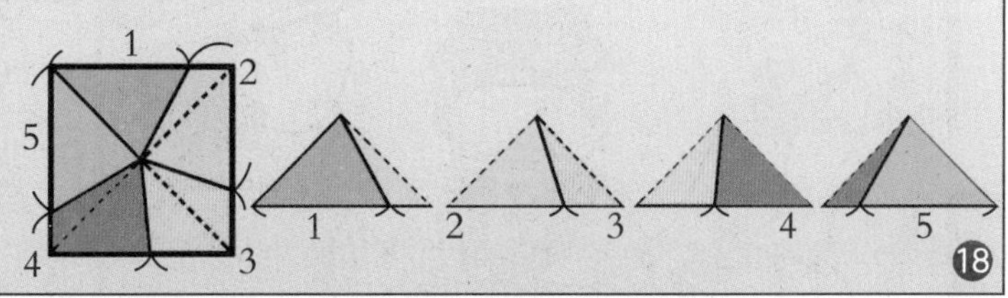

1
2
5
4
3
1
2
3
4
5
18

可恶！这么一来蛋糕会切成五块了。
19

HOW博士这么辛苦地讲解，应该也要吃一块。我已经把蛋糕切成六块了！

呜呜……我可怜的小蛋糕！
跟着你这个小气的警长，我们才可怜！
20

谜题大公开

生活中常见的切蛋糕，隐藏着非常多有趣的数学原理。例如：如果上面的题目，不需要平分奶油，那么这块蛋糕至少切几刀，能平分成八块？

答案是三刀。先用两刀把上方平分成四份，再水平横切一刀。

解答：1～4 见正文第15格的解说。

消失的巧克力

各位，这位是最近在电视上很有名的甄片材。他有一个聚宝盆，能让东西变多。
真的有聚宝盆吗？
待会儿请他露两手给大家瞧瞧，不就知道了！
我这儿有10份巧克力砖，不如先变巧克力给我们看。
没问题！不过，我需要非常专心，才能让聚宝盆发挥神力。
去审讯室好了，那里最安静。
有人说甄片材是一个骗子。
所以我请他来局里“表演”。
天灵灵，地灵灵……
巧克力就交给你了，我们在外面等你。
宝

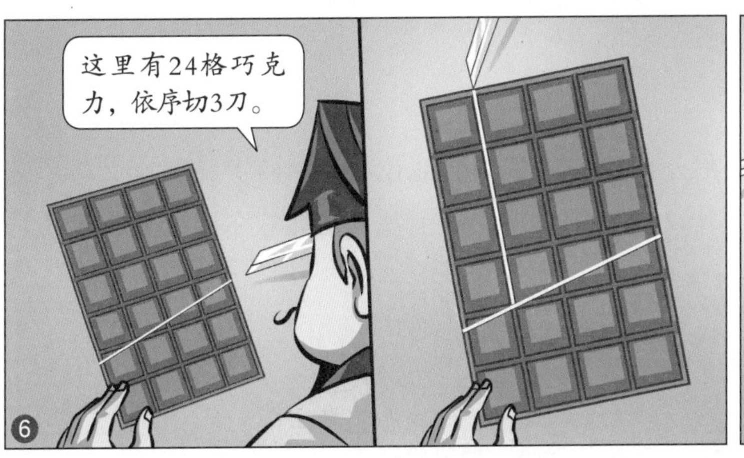
这里有24格巧克力，依序切3刀。

嘿……拿走一格巧克力，放进聚宝盆。

宝
太好了，没人看到。

再把两块巧克力的位置偷偷对调，这样仍旧有24格巧克力。

10分钟后……
你们看，聚宝盆里多出10块小巧克力。
宝
咦？巧克力砖没变少，每一片还是24格。

多出的巧克力

甄片材被警长请来，展示聚宝盆的神力。他在巧克力砖上又切、又移，最后每份巧克力砖竟然都多出一格。甄片材的聚宝盆真的能让东西变多吗？还是其中暗藏着什么玄机？

哇！甄片材果然名不虚传！
这只是小法力，只要你们捐香油钱，我能让各位发大财。
13
你骗人！聚宝盆的巧克力是从10块巧克力砖上偷来的。
你不要乱说话，这是被我加持过的聚宝盆。
只要看长边的边长，就知道巧克力变少了。
14

❶假如每一格巧克力的大小是1厘米×1厘米，巧克力砖的长和宽分别是多少？

❷甄片材切完巧克力后（如下图），A和B的长度各是多少？

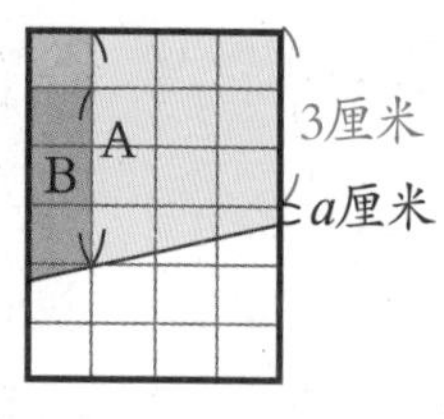
A
B
3厘米
a厘米

❸甄片材将巧克力位置对调后（如下图），巧克力砖的长和宽分别是多少？

a厘米

可是，巧克力还是24格啊！
巧克力的长度已经不是原来的6厘米了。
把切断的巧克力叠在完好的巧克力上面，就会知道巧克力砖的长边减少了a厘米。
此处消失的巧克力宽a厘米

真的啊！巧克力变短了。
消失的巧克力＝甄片材取走的巧克力。
长方形的面积＝1块方格的面积：a×4＝1×1，a＝1/4。
4厘米
a厘米
1厘米

你、你……没想到你真的是一个骗子，快把我的香油钱吐出来。
两天后……

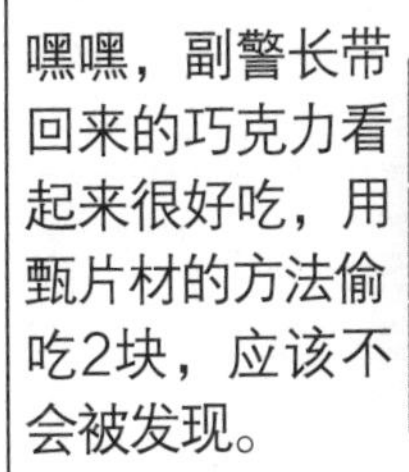

嘿嘿，副警长带回来的巧克力看起来很好吃，用甄片材的方法偷吃2块，应该不会被发现。

是谁偷吃了我的巧克力？

谜题大公开

巧克力砖的游戏不一定要6格×4格才能玩，5格×4格、4格×3格、3格×3格……都可以这么玩。玩这种游戏时，巧克力的格数不能拿得太多，否则，巧克力的高度下降比较明显，很容易被发现。

解答：❶ 长6厘米、宽4厘米。 ❷ A＝4厘米，B＝3厘米。 ❸ 长（6－a）厘米、宽4厘米。

蛋糕师傅的数学题

警长，你昨天没睡好吗？怎么有黑眼圈？
我被数学题逼疯了。
哇，你下班后还去数学补习班啊？
发愤图强要把数学学好吗？
不是，是朋友在微信朋友圈发了两道数学题。

是什么题，让警长这么认真？
是算面积的题。我朋友最近去蛋糕店学做蛋糕，师傅考了他两道数学题。

学蛋糕还要考数学呀？烘焙业的竞争真激烈！
我怎么觉得你朋友在用微信作弊。

哎呀！反正最后也没有人算出答案。
题目是什么？

题目在这儿。
我看看。

胖胖

我师傅出了两道数学题，好难。请教各位朋友，答案是什么？
［第一题］如图所示，蛋糕的上方可以看成是长方形。蛋糕的售价，依上面长方形的面积大小而定。如果在蛋糕的长方形面上切两刀，黄色、绿色、粉色蛋糕依序卖15元、30元、45元，请问蓝色蛋糕的售价是多少？

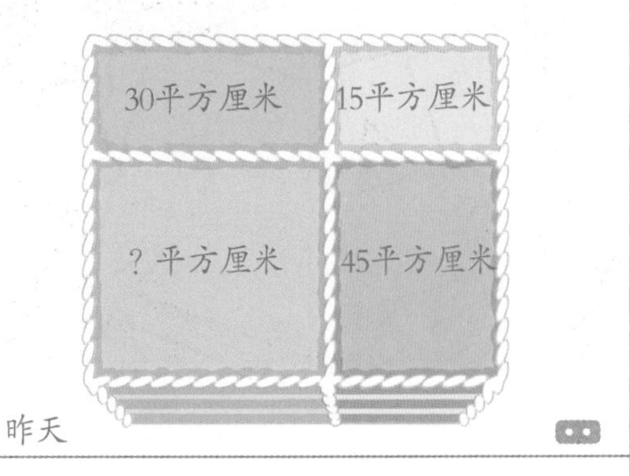
30平方厘米
15平方厘米
？平方厘米
45平方厘米

昨天

警长：看我的，一会儿准帮你算出来。

胖胖回复警长：你真是我的好兄弟！

胖胖：呼叫警长，这题的答案是什么？

蛋糕达人：臭小子，别想靠别人帮忙！

胖胖

［第二题］如图所示，在蛋糕的三角形面上切三刀，黄色蛋糕和绿色蛋糕合起来卖10元，蓝色蛋糕和粉色蛋糕合起来卖多少元？（售价方式同上一题）

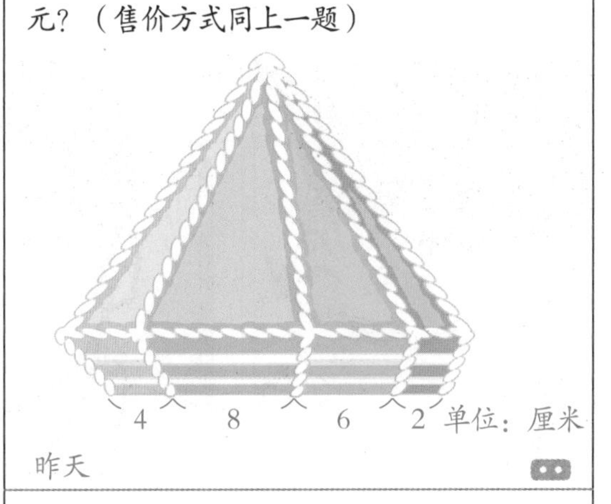
4
8
6
2
单位：厘米

昨天

警长：这种题难不倒我，如果明天早上没算出答案，我请你吃饭。

胖胖回复警长：等你哦！我要去睡了。

胖胖：呼叫警长，急！急！急！答案呢？

蛋糕达人：别算了，我要重出题。

哈哈，蛋糕师傅发现他上网求助了！
警长欠人家一顿饭！

这两道题没那么难，看一下就能知道答案！
怎么看啊？我算了一个晚上，也没算出来啊！

用眼看出面积大小

蛋糕师傅出了两道数学题考徒弟，警长花了一个晚上的时间，也没算出答案。HOW博士却说题很简单，用看就能知道答案，HOW博士究竟是怎么“看”出答案的？

你知道怎么计算面积吗？

知道啊，长方形的面积＝长×宽；三角形的面积＝底×高÷2。

可是这两题的条件不足，要怎么求面积？

❶ 请问下面蓝色、粉色长方形的面积各是多少？

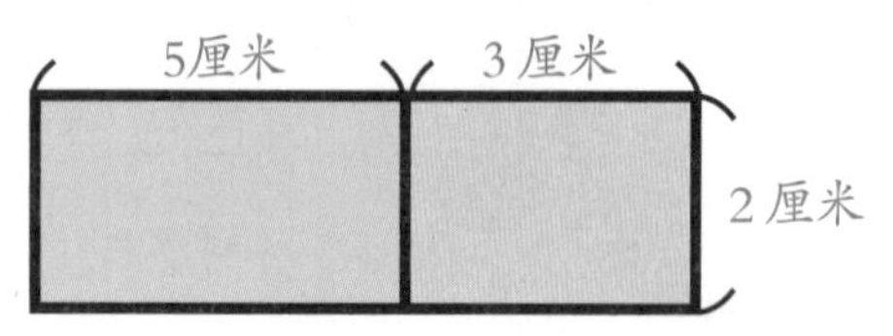

5厘米
3 厘米
2 厘米

❷ 接上题，两个长方形的宽都是2厘米，蓝色长方形的长：粉色长方形的长等于多少？

❸ 接上题，蓝色长方形的面积：粉色长方形的面积等于多少？这两个长方形长的比和面积的比一样吗？

长方形的面积=长×宽，宽一样，所以面积比=长的比。

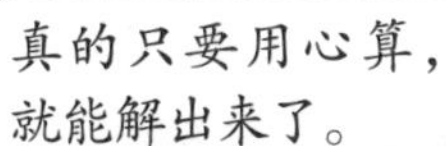

所以绿色长方形和黄色长方形的长的比是2:1。

A厘米
B厘米
30平方厘米
15平方厘米
C厘米
？平方厘米
45平方厘米
D厘米
算法是这样：绿色长方形的面积：黄色长方形的面积=A×C:B×C=A:B=2:1。

我会了，蓝色长方形和粉色长方形的宽也一样，所以蓝色长方形的面积：粉色长方形的面积=A×D:B×D=A:B=2:1。那么蓝色蛋糕的面积为90平方厘米，其售价应为90元。
A
B
D

真的只要用心算，就能解出来了。

第二题也是。警长，你来吧。

给你一个提示：这四个小三角形的高都一样。

黄色三角形的面积+绿色三角形的面积=a+c=（4×H）÷2+（6×H）÷2=2H+3H=5H，蓝色三角形的面积+粉色三角形的面积=b+d=（8×H）÷2+（2×H）÷2=4H+H=5H，面积一样，所以都是10元。
H
a
b
c
d
4
8
6
2
单位：厘米

我没算错吧。
完全正确，不过，有更快的方法。

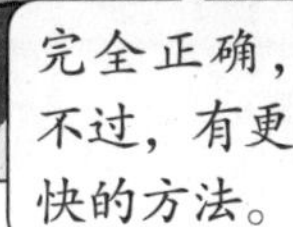

它们的高都一样，所以面积的比＝底边长的比，a:b:c:d=4:8:6:2。
两块三角形的面积关系，也可用底边长推算出来:（a+c）:（b+d）=（4+6）:（8+2）=10 : 10=1 : 1。
谁传微信给你呀？
警长兄弟，你也太慢了！我考试都结束了！所以你欠我一顿饭，别忘了！

谜题大公开

蛋糕售价的问题，除了用到面积计算，还用到比的概念。日常生活中，想要比较两个或多个数字之间的倍数关系，便会用到比的概念。例如3456名小学生中，有1152名同学没戴眼镜，则：

没戴眼镜的人数：戴眼镜的人数=1152 : 2304=1 : 2。

由以上关系式，可以得出戴眼镜的同学人数是没戴眼镜的2倍。

解答：❶ 蓝色长方形的面积：5×2=10（平方厘米）；粉色长方形的面积：3×2=6（平方厘米）。❷ 蓝色长方形的长：粉色长方形的长=5：3。❸ 蓝色长方形的面积：粉色长方形的面积=10：6=5：3；一样。

独眼大盗的宝藏

把宝物和炸弹放在一起，就安全了。我真聪明！

这里有1箱纸钞、1箱金币、2箱蓝宝石、2箱钻石和3箱炸弹，共9箱。排成3行、3列，让每行、每列都有炸弹。

以前有好好学数学，轻轻松松就排好了。
老大，什么时候分宝物给我们？

都在那里，想要就去搬吧！不过，有3箱是炸弹，打开装炸弹的箱子，它就会爆炸！
……

看样子，老大不想分宝物给我们了。
哼！既然这样，我打电话报警。

哇
呜
哇
呜

你被包围了。
把装赃物的箱子搬走!
轻一点，箱子里有炸弹啊!

警察来了，快搬宝物啊!

有炸弹!我先逃了。
紧张什么，要打开装炸弹的箱子，才会爆炸。

你怎么知道?
我们捡到你的纸条了。

(a) 每一列都有一箱炸弹;
(b) 每一行也都有一箱炸弹;
(c) (1,3) 和 (3,3) 装一样的东西;
(d) (1,2) 和 (2,2) 装一样的东西;
(e) 纸钞的上面是蓝宝石。
*打开装炸弹的箱子，会引爆炸弹!

你看不懂我的暗语!
别小看我们的解码能力!

炸弹和宝物在哪里?

独眼大盗将宝物和炸弹摆放在一起，HOW博士要怎么利用纸条上的暗语，分别找出炸弹和宝物的位置呢?

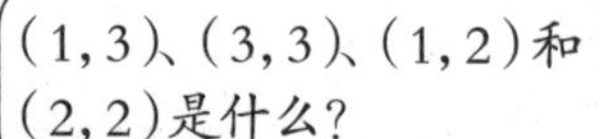
(1,3)、(3,3)、(1,2)和(2,2)是什么?

不告诉你!
13

是坐标符号。
14

坐标是什么?
它是用来标示物体位置的方法，平面上任何一点，都可以用行、列表示。
15

❶ 用坐标标示物体位置时，第一个数字表示列数，第二个数字则是行数，例如第3列、第2行记作（3，2），那么第4列、第5行应该记作什么?

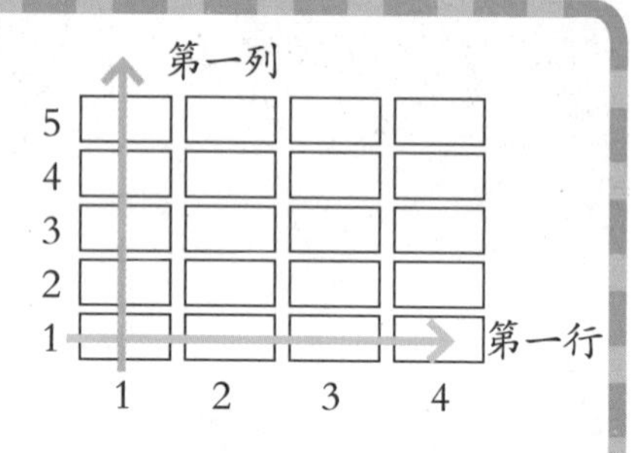
第一列
5
4
3
2
1
第一行
1 2 3 4

❷ 请问绿色、黄色、红色及紫色桌子的坐标应记作什么?

❸ 独眼大盗的纸条里，（1，3）、（3，3）、（1，2）和（2，2）指的各是哪个位置?

G	H	I
D	E	F
A	B	C

先看暗语(c)、(d)，(1,3)和(3,3)装一样的东西；(1,2)和(2,2)装一样的东西。
要怎么解开暗语呀？

钻石/蓝宝石
钻石/蓝宝石
蓝宝石/钻石
蓝宝石/钻石
那这四格肯定是钻石和蓝宝石。
这两组箱子绝不会装炸弹，若是炸弹，便不能满足每行、每列都有炸弹了。
钻石/蓝宝石
炸弹
钻石/蓝宝石
蓝宝石/钻石
蓝宝石/钻石
炸弹
如果每一行都有炸弹，那第二、第三行的空格就是炸弹。
钻石/蓝宝石
炸弹
钻石/蓝宝石
蓝宝石/钻石
蓝宝石/钻石
炸弹
炸弹
没错，第3箱炸弹在(1，1)，这样便符合条件了。
剩下一箱炸弹在第一列吗？

钻石
炸弹
钻石
蓝宝石
蓝宝石
炸弹
炸弹
纸钞
金币
看暗语(e)，纸钞的上面是蓝宝石，所以(2，2)是蓝宝石，纸钞在(2，1)。
集合大家的想法，我解出答案了。

答案不是你解的吧。
差不多啦，请拆弹小组来吧！

这……怎么是面包！
那是我躲在山洞里的粮食啊！

谜题大公开

坐标图都有原点，所有的行数、列数均以原点作参考点起算。一般是在平面上画一条水平线和一条垂直线，两条线的交叉点便是原点，即第0列、第0行，记作(0，0)。大盗的宝藏在坐标系上表示，如右图。

坐标图的应用相当广泛，像地图上的经度、纬度，也是一种坐标系。

解答：❶(4，5)。❷绿色(2，4)，黄色(4，2)，红色(1，3)，紫色(3，5)。
❸(1，3)是G，(3，3)是I，(1，2)是D，(2，2)是E。

糊涂女婿来求救

警察先生，能不能帮我一个忙？
什么事啊？
上星期我丈母娘找了一群实习生来帮我种菜。
你丈母娘人真好，还找人帮你种菜。
我在东、西两边各有一块农田，东边的农田是西边的5倍。所以上午的时候，实习生全在东边种菜。
你有下去种菜吗？

没有，我坐在旁边喝茶、监工。
看你长得细皮嫩肉，也不像下田干粗活的人。
到了下午，我留16名年轻人继续在东边种菜，剩下的去西边的农田。
你下午一定窝在农舍睡觉吧。
咦？你怎么知道？我只眯了一下下，我还得监工。
可以做这种轻松的工作真好。

我发现大家工作的速度都差不多，另外，上午和下午的工作时间都是4小时，一整天下来，菜全种好了。
菜都种好了，还找我们做什么？
我们可不会帮你种菜！
不是请你们种菜。今天是发工资的日子，可是我却不晓得有多少实习生来种菜。

问你丈母娘不就好了？
我不想让她觉得我又懒又糊涂。

可是来了多少人，我们怎么会知道？
根据你刚才的说辞，我可以算出人数，但是你得立张字据，说你以后一定勤奋工作，不再好吃懒做。

不用立什么字据，我答应就是了。
不行，一定要立字据，免得你反悔。

你们该不会骗我立字据，结果还是没有替我解决问题吧。
男子汉大丈夫，做事爽快点！

有多少实习生来种菜？

丈母娘请了一群实习生来种菜，糊涂女婿却忘了数有多少人，HOW博士该怎么帮他算出实习生人数呢？

不用怕，我不会骗你，你说东边农田是西边农田的5倍，那就假设你的农田可以分成6块一样大的农田，东边5块，西边1块。接下来用数学的方法，就能解决了。
西边
东边
字据帮你写好了，签名吧！
每天下田工作8小时可不可以改成3小时？
不行，快点签名吧！

❶ 假设将全部农田分成6块，请问下午到西边工作的年轻人，他们上午和下午共种了多少块农田的菜？

❷ 下午留在东边的16个人，全天一共种完多少块农田的菜？

❸ 这16个人每人种完多少块农田的菜？

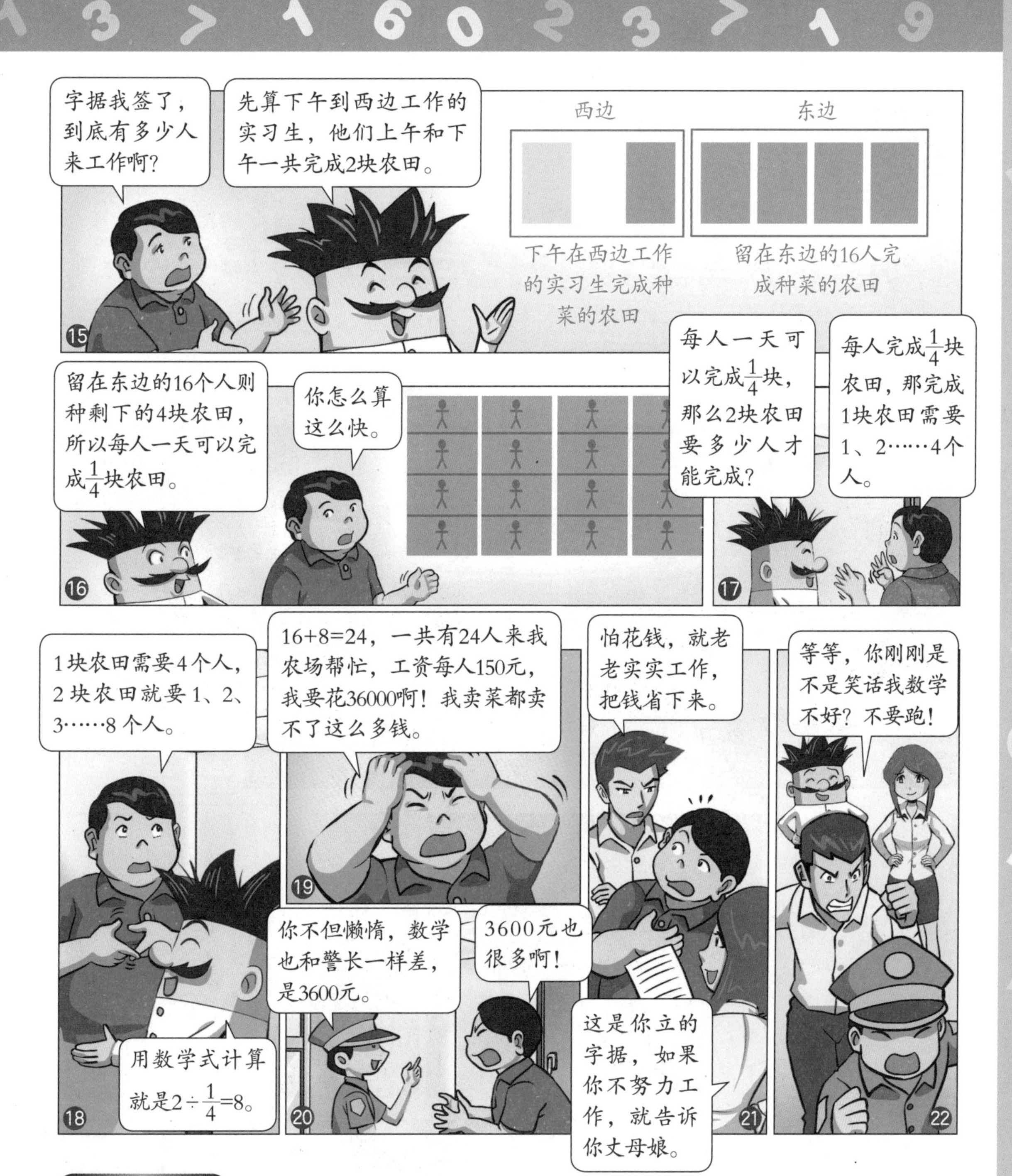
字据我签了，到底有多少人来工作啊？
先算下午到西边工作的实习生，他们上午和下午一共完成2块农田。
西边
东边
下午在西边工作的实习生完成种菜的农田
留在东边的16人完成种菜的农田
留在东边的16个人则种剩下的4块农田，所以每人一天可以完成$\frac{1}{4}$块农田。
你怎么算这么快。
每人一天可以完成$\frac{1}{4}$块，那么2块农田要多少人才能完成？
每人完成$\frac{1}{4}$块农田，那完成1块农田需要1、2……4个人。
1块农田需要4个人，2块农田就要1、2、3……8个人。
用数学式计算就是$2\div\frac{1}{4}=8$。
16+8=24，一共有24人来我农场帮忙，工资每人150元，我要花36000啊！我卖菜都卖不了这么多钱。
你不但懒惰，数学也和警长一样差，是3600元。
3600元也很多啊！
怕花钱，就老老实实工作，把钱省下来。
这是你立的字据，如果你不努力工作，就告诉你丈母娘。
等等，你刚刚是不是笑话我数学不好？不要跑！

谜题大公开

这题还可以用比例的概念去解，由于每个人工作一整天的工作量一样，假如未知人数为x，已知16人完成4块农田，则16（人）：4（块）= x（人）：2（块），即$\frac{16}{4}=\frac{x}{2}$，所以$x=8$。因此实习生总人数为：16+8=24（人）。

解答：❶他们下午种好1块农田的菜，上午同样也能种好1块农田的菜，所以一共种了2块农田的菜。❷根据第一题的答案，留在东边的16个人，完成剩下的4块农田。❸每人完成$4\div16=\frac{1}{4}$（块）农田。

揪出邮轮里的作案人

TOP港口发生命案……

根据监控画面，作案时间是上午11点，作案人就在康轩号邮轮上。
根据监控画面拍摄的人影，我们抓了两名嫌疑人。

把他们带到审讯室，另外，还需要船长协助办案。
是！警长今天很有干劲呀！

你叫什么名字？上午11点在哪儿？
我叫阿猴，警察大人，我没做坏事啊！

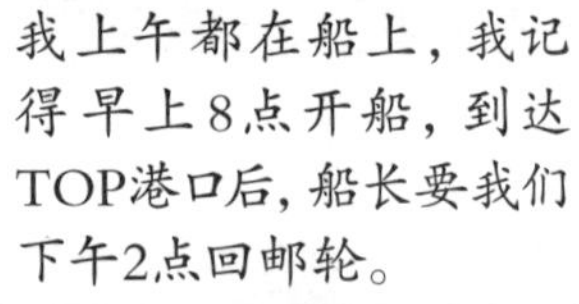

我上午都在船上，我记得早上8点开船，到达TOP港口后，船长要我们下午2点回邮轮。

离开邮轮，你去了哪些地方？

我在港口附近找了家海鲜店吃饭，那时正好是下午1点，吃完饭，我就回邮轮休息了。

你叫什么名字？
上午11点在哪儿？
我叫阿明，上午11点在邮轮上。这艘船是早上8点开船，原本预计中午12点到港口，结果迟到很久。
你说你吃完午饭都快下午2点了，只好取消余下的行程。我们会调查你所言是否属实。
船长，我需要你提供这次航行的时间表。
航行日志有几项数据被水弄湿了，还能辨识的是早上8点开船，从X港口开船到TOP港口，两个港口相距45千米。
X港口
TOP港口
早上8点
45千米
?

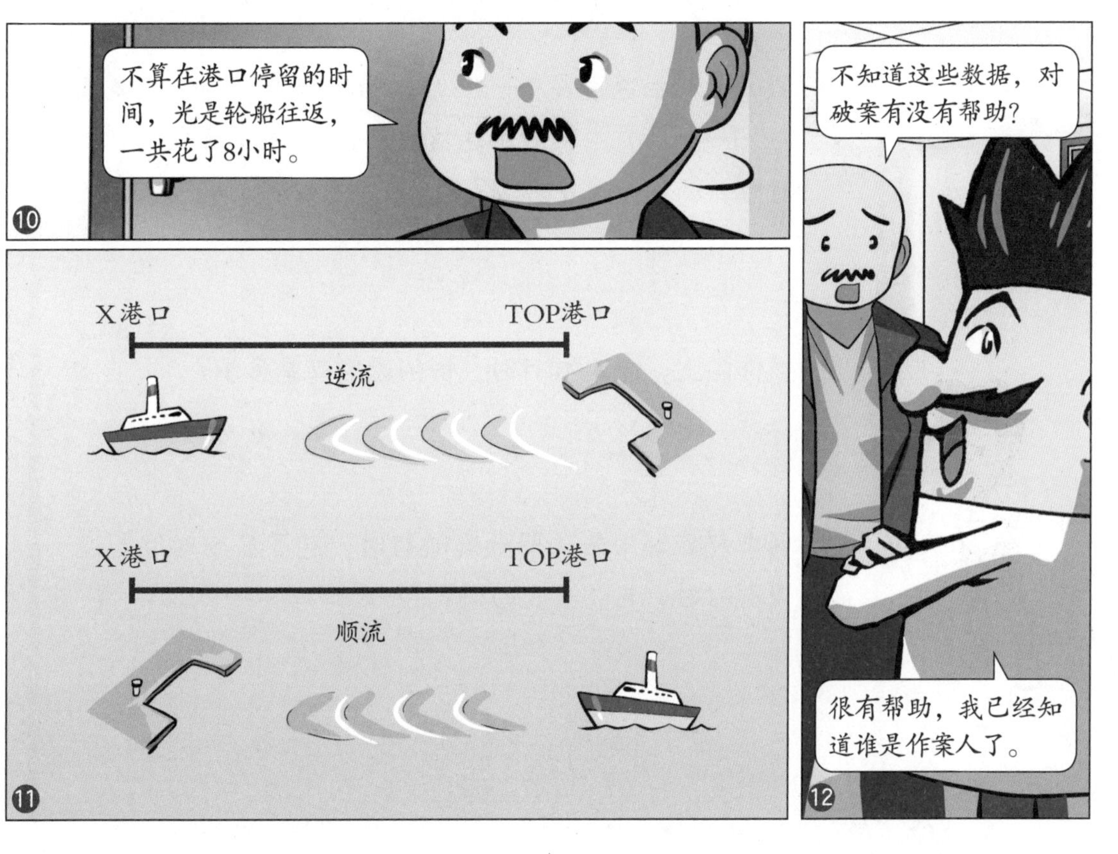
不算在港口停留的时间，光是轮船往返，一共花了8小时。
不知道这些数据，对破案有没有帮助？
X港口
TOP港口
逆流
X港口
TOP港口
顺流
很有帮助，我已经知道谁是作案人了。

靠航行日志破案

TOP港口发生命案，警方抓到两名嫌疑人，但他们都说命案发生时，人在邮轮上。到底谁说谎？从船长的航行日志能找到破案的线索吗？

你有把握找出作案人？
说谎的人就是作案人。
我当然知道说谎的人是作案人，但谁在说谎呢？
只要算出船到达TOP港口的时间，就能抓到作案人了。

❶ 假设水流的速度是A千米/时，船在静水（即水流速度为0千米/时）中航行的速度是12千米/时，请问顺流航行时，船的速度是多少？

❷ 条件同上，逆流航行时，船的速度又是多少？

❸ 两地相距45千米，船顺流航行时，花了多少时间？逆流航行时，花了多少时间？

船原定中午12点入港，但遇到强风又逆流，所以比中午12点晚。
按照口供，两人的说辞好像都没问题，一个是下午1点到饭店吃饭，一个是吃完饭快下午2点了。

他们其中有一个人在说谎。来吧！我算给你们看。
又到了头痛的数学时间了。

距离 ÷ 速度＝单趟行程花费的时间。往返两地一共花费8小时，假设水流的速度是A千米/时，船在静水中的速度是12千米/时，解开以下算式，就知道谁说谎了。
去程速度：
（$12-A$）千米/时
去程花费时间：
$\frac{45}{(12-A)}$ 小时
回程速度：
（$12+A$）千米/时
回程花费时间：
$\frac{45}{(12+A)}$ 小时

$\frac{45}{(12-A)}+\frac{45}{(12+A)}=8$……等号两边分别乘（$12-A$）（$12+A$）
$\frac{45(12-A)(12+A)}{(12-A)}+\frac{45(12-A)(12+A)}{(12+A)}=8(12-A)(12+A)$
$45(12+A)+45(12-A)=8(12-A)(12+A)$
$1080=8(144-A^2)$
$135=144-A^2$
$A^2=9$
$A=3$ 或 $A=-3$（舍去）
水流速度是3千米/时
我来算算看。

水流速度是3千米/时，去程速度是12−3=9（千米/时）；返程速度是12+3=15（千米/时）。

去程花了45÷（12−3）=5（小时），船下午1点才到。

看来阿猴是作案人，下午1点的时候，他不可能出现在饭店。

他没注意到今天风浪大，船误点了1小时。

你们凭什么抓我？

因为船误点了1小时，你在说谎！

谜题大公开

这次用到了流速的概念办案。这里的流速是指水流在一定时间内（如1小时）前进的距离，流速的方向会影响船只行走的速度，船只前进方向和水流一样时，是顺流；反之，为逆流。所以解题时，一定要考虑顺流与逆流：

顺流行船时的速度=船在静水中的速度+水流速度

逆流行船时的速度=船在静水中的速度−水流速度

解答：❶（12+A）千米/时。❷（12−A）千米/时。❸顺流花了45÷（12+A）小时；逆流花了45÷（12−A）小时。

数字大盗重出江湖

最近康桥路已经发生三起盗窃案，这周若抓不到作案人，所有人的考绩一律丙等。
10分钟后，请到会议室做报告。
1
目前掌握的线索是三个现场，都留有“1÷243”的数学式。
2

三起盗窃案分别发生在康桥路670号、781号和893号。
3

4/24
670
康桥路
5/3
781
5/12
893
三起盗窃案发生的时间是4月24日、5月3日、5月12日，间隔都是9天。
4

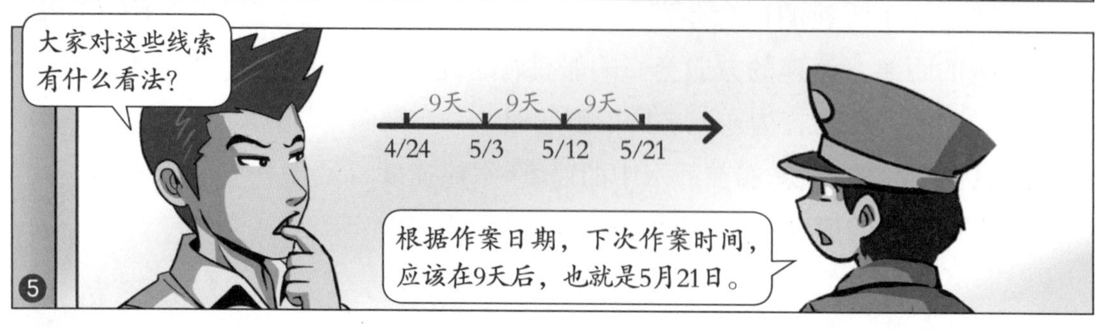

大家对这些线索有什么看法?
9天 9天 9天
4/24 5/3 5/12 5/21
根据作案日期，下次作案时间，应该在9天后，也就是5月21日。
5

如果知道下一个作案地点，就能抓到作案人了。
歹徒留下“1÷243”，到底想说什么？
1÷243
大概是象征自己的符号吧，像“Z”代表蒙面侠苏洛。
警长，你电影看太多了。

你们记得去年的数字大盗吗？
记得啊！他成功闯进六栋豪宅，偷走价值数千万的钻石，到现在还没破案。
数字大盗每次作案，都会留下一张三位数的数字卡。
数字大盗和康桥大盗，会有关联吗？
我去调资料，查查数字卡写了哪些数字。

查到了，根据作案时间的先后顺序，现场留下的数字卡依序是004、115、226、337、448和559。
004
115
226
337
448
559
如果没猜错，康桥大盗和数字大盗是同一人。

连续盗窃案即将侦破

这一个月来，康桥路已经发生了三起盗窃案，HOW博士从作案人留在现场的数学式发现康桥大盗和数字大盗很可能是同一人。TOP警局能破案吗？

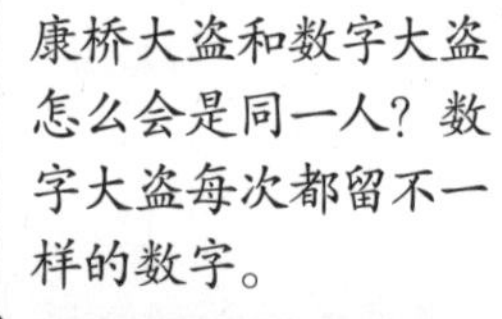

康桥大盗和数字大盗怎么会是同一人？数字大盗每次都留不一样的数字。
13

而且数字大盗都在不同地区的豪宅偷钻石，康桥大盗只在康桥路行窃啊！
14

大家请耐心计算“1÷243”，就能推测出数字大盗和康桥大盗是同一人，而且还能预测即将被偷的是哪一家。
15

对于除法算式，有些除得尽，如12÷5；有些则永远除不尽，如11÷3。当算式除不尽时，它的结果可能是“循环小数”，即一个数的小数部分，从某一位起，一个数字或几个数字依次不断重复出现，如41÷30=1.366666…，7÷13=0.538461538461538461…。这里的6和538461便是重复出现的数字。一个循环小数的小数部分，依次不断重复出现的数字，就是这个循环小数的循环节。写循环小数时，可以只写第一个循环节，并在这个循环节的首位和末位数字上面各记一个圆点，如$1.3\dot{6}$和$0.\dot{5}3846\dot{1}$。

❶ 请问5÷4、653÷25、1÷6、13÷11、368÷8，哪些除得尽？哪些的商是循环小数？

❷ 请问40÷9、70÷137的商是循环小数吗？如果是，该怎么表示？

❸ 请用计算机计算1÷243，算出来的结果是多少？

我用计算器计算，结果是0.00411522633。
16

结果应是循环小数，循环位数有27位。计算器空间不够，用电脑算，才能得出正确结果。
1÷243=
$0.\dot{0}0411522633744855967078189\dot{3}$
17

数字上面记一个圆点，是什么意思？
18

这是循环小数的符号，也就是圆点间的数字，会一直重复出现。
1÷243=
0.004115226337448559670781893
004115226337448559670781893
004115226337448559670781893…

我看出来了，之前六起案子，留下的数字卡是1÷243的商的前18位：004、115、226、337、448、559。
1÷243= 0. 004115226337448559 670781893…
19

康桥路的门牌号码是670、781、893，是接下来的9个数。
1÷243= 0.004115226337448559
670781893 004115…
20

这么看来，康桥路004号即将在5月21日发生盗窃案。
1÷243=
004115226337448559670
781893004115…
21

安排警员抓作案人吧！我们又要破大案了，哈哈哈哈！
警长又在最后出一张嘴使唤人！
22

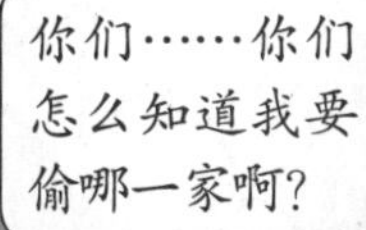

你们……你们怎么知道我要偷哪一家啊？
23

谜题大公开

著名物理学家费曼先生，有一次玩计算机时，无意间发现1÷243的商是一个很有趣的循环小数。它的循环节有27个数，费曼将它们分成9组数：004、115、226、337、448、559、670、781、893，接着将后项减前项，结果发现除了893−781=112之外，其余都是111。

解答：❶ 除得尽：5÷4、653÷25、368÷8；除不尽：1÷6、13÷11。 ❷是，$40\div9=4.\dot{4}$、$70\div137=0.\dot{5}109489\dot{0}$。 ❸ 电脑计算结果为：$1\div243=0.\dot{0}04115226337448559670781893\dot{}$ $0.\dot{0}0411522633744855967078189\dot{3}$。

插纸牌游戏

我向HOW博士学了一个纸牌游戏，谁要陪我玩？
警长人缘不好，没人理，我来吧！
不是人缘差，是我有威严。这里有10张牌，我选出第1、4、7、10张，共4张，暂且称它们为“警长牌”。
1
4
7
10
当我背对你们时，请在甲、乙、丙、丁这四个位置插纸牌，张数不限，但这四个位置插入的张数要一样。
甲
乙
丙
丁
插好后，告诉我第1张警长牌到了什么位置，我能马上说出其他3张警长牌在哪里。
我插好了，第1张警长牌到了第4的位置。
其他3张警长牌到了第8、12、16，对不对呀？
我们来数数看。

不对，位置全错了。
错了，怎么会？
4
而且差很多！
我还以为警长变聪明了。

重来、重来，换人插牌。先将纸牌恢复成只有10张，警长牌还是在第1、4、7、10的位置。
这回换我插牌。

插好后，告诉我第1张警长牌的位置。

只要说出原本第10张纸牌现在的位置，也能知道其他牌的位置。
原本的第10变成了现在的第18。

这……这样，我不会啊！
你真的学会了吗？
HOW博士，快帮帮我。
看样子警长学习不是很认真。

警长牌在哪里?

警长向HOW博士学了一个纸牌游戏，本想趁机表现自己的数学能力，没想到却出丑了。到底是HOW博士没教好，还是警长的数学太差了呢?

先给一点提示，这个游戏用到等差数列的概念。一组数字由左排到右，后项减去前项得到的数值都一样，就是等差数列。
例如11、22、33、44、55这组数字，后项减去前项都等于11，所以它们是等差数列。
11 、 22 、 33 、 44 、 55
第1项 第2项 第3项 第4项 第5项
第2项减第1项：22−11=11
第3项减第2项：33−22=11
第4项减第3项：44−33=11
第5项减第4项：55−44=11
13

❶ 把警长牌的位置看成一组数字1、4、7、10，后项减去前项，得到的答案都一样吗?

❷ 第一次插牌，原本的第1变成了现在的第4，剩下3张警长牌跑到什么位置了?

❸ 第二次插牌，原本的第10变成了现在的第18，纸牌多出几张? 甲、乙、丙、丁四个位置各插入几张牌?

把警长牌的位置看成一组数字1、4、7、10，后项减去前项都等于3，所以它是等差数列。
在甲、乙、丙、丁处各插3张纸牌后，4张警长牌的位置是第4、10、16和22，4、10、16、22也是等差数列。
甲 乙 丙 丁
1 4 7 10
4 10 16 22
好巧，插入牌前和插入牌后，都是等差数列。
我懂了，知道第1张警长牌在第4的位置，又推算出后项减去前项等于6，就能找出其他3张警长牌在哪个位置。
甲 乙 丙 丁
4+6=10 10+6=16 16+6=22
6张牌 6张牌 6张牌
没错，我就是这样教警长的，谁知道他还是算错。
昨天没睡好，脑筋有点转不过来。
只要甲、乙、丙、丁四个位置插入的纸牌数一样，就会是等差数列。
第二次插牌时，警长牌的位置还会是等差数列吗？
甲 乙 丙 丁
3 3+5=8 8+5=13 13+5=18
第二次共插入8张牌，每个位置插了2张牌。
现在我也会了，第1张警长牌在第3的位置，后项减前项是5，这样就能推算出所有警长牌的位置了。
没错，很简单吧。警长，会了没？要不要再玩一次？
我得外出巡逻了。Bye!

谜题大公开

生活中，处处能见到等差数列的例子，像女子举重级别中，较轻的4个级别分别是48公斤级、53公斤级、58公斤级、63公斤级，后一个级别都比前一个级别重5千克；再如街道两侧的门牌号码，通常使用奇、偶数来编号，一般情况下，左边房子的门牌号码减去右边房子的门牌号码，差都是2。想想看，日常生活中，还有哪些例子与等差数列有关。

解答：❶ 一样，答案都是3。 ❷ 原本第4、7、10张牌跑到第10、16和22处。
❸ 共多了8张牌，每个位置各插入2张。

小犬立刻放走?

四年一次的世界杯足球赛还在直播，我竟然要值班！啊……好想回家看球赛。
没关系，我画连环漫画给你看，一样精彩！

哇，画得好棒啊！

喂、喂，上班时间，不要偷懒看和足球有关的东西。

警长，你也在偷懒，手上是不是拿着足球明星的签名照？
不……这……

警察先生，他偷了我店里的腰带。

这腰带是我老爸送我的。
有监控录像为证，你赖不掉。

哼！我要求打电话回家，向我爸求救！
已经证据确凿，搬救兵也没用！
1小时后……
警长，理发师拿纸条来，要求警长照纸条上面的意思做，否则他要公开警长在上班时间，溜出去理发的照片。
警长，你竟然在上班时间做这种事情！

先……先别管那个了，纸条上写了什么？

纸条正面是“小犬立刻放走”，背面是“老板应该关押”。
小犬立刻放走
老板应该关押

怎么办？理发师要求放走他儿子。
当然不行！但是我的照片……
都怪你被抓到把柄，你要负责解决。
等等，我想到一个好办法！

警长该如何扭转局面？

理发师的儿子偷了一条腰带，被送到警察局。没想到，理发师威胁警长放走儿子，并将老板关起来。警长该怎么做，才能不受理发师的威胁？

什么办法？快救我啊！
救你的话，足球明星的签名照，能不能送我？
没问题！另外再送你一套我的签名照。
不、不用了！
方法很容易，只要将纸条变成只有一个面，让这两句话的意思改变。
纸条有两个面，怎么变成一个面？

❶ 以下这几个字要怎么断句，意思与“小犬立刻放走，老板应该关押”恰好相反？

押 小 犬
关 立
该 刻
应 放
板 老 走

❷ 如何让四个边、两个面的纸条，变成两个边、两个面？

❸ 如何让四个边、一个面的纸条，变成一个边、一个面？

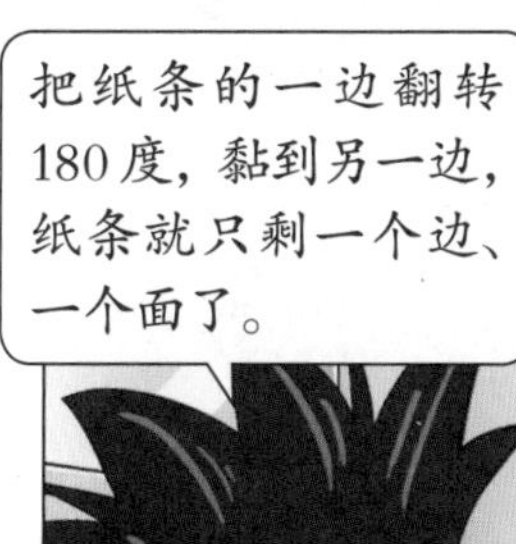

把纸条的一边翻转180度，黏到另一边，纸条就只剩一个边、一个面了。

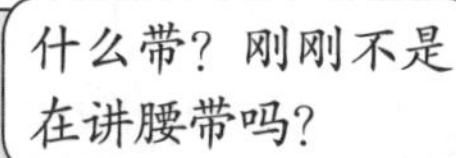

什么带？刚刚不是在讲腰带吗？

16
原来是把它黏成“莫比乌斯带”。

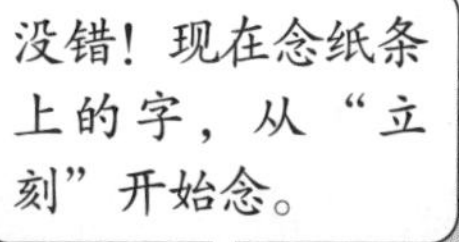

没错！现在念纸条上的字，从“立刻”开始念。

17
“立刻放走老板，应该关押小犬。”哇！语意改变了！

18
没错！这样一来，就不怕理发师的威胁了。

19
你该感谢HOW博士，还不赶快把犯人抓去关了！
这我最会了。

20
一段时间过后……
警察局

21
警长在哪里？为什么派人去抓我家的小狗？
22
你不是说要关押小“犬”吗？我只是照你的意思去做。
不是那个“犬”啦！

谜题大公开

莫比乌斯带是只有一个面的曲面，它可以应用在工厂的皮带上，这样皮带就不会只磨损一面，能用得比较久。莫比乌斯带有个有趣的特点，将它沿中线剪开，所得到的大圈，并不是只有一个面，而是有两个面。

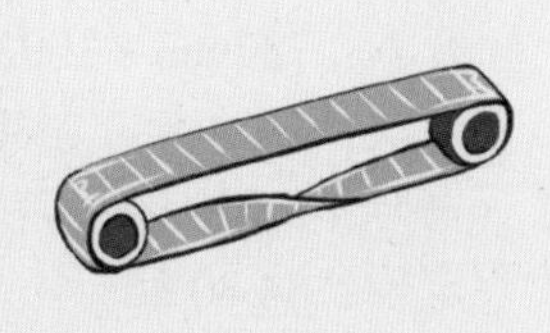

解答：① 立刻放走老板，应该关押小犬。② 纸条首尾相接，变成一个环。③ 纸条的一边翻转180度，黏到另一边上。

版贸核渝字（2023）第 079 号

图书在版编目（CIP）数据

数学小侦探．3，黑心老板的诡计 / 施晓兰，杨嘉慧著；刘俊良绘．— 重庆 ：重庆出版社，2023.12
ISBN 978-7-229-18155-0

Ⅰ．①数… Ⅱ．①施… ②杨… ③刘… Ⅲ．①数学—少儿读物 Ⅳ．①O1-49

中国国家版本馆 CIP 数据核字（2023）第 214088 号

数学小侦探 3・黑心老板的诡计
SHUXUE XIAOZHENTAN 3・HEIXIN LAOBAN DE GUIJI

施晓兰 杨嘉慧 / 著 刘俊良 / 绘

责任编辑：冯巧霞
装帧设计：王一尧 毛盛玉

重庆出版集团
重 庆 出 版 社 出版

（重庆市南岸区南滨路 162 号 1 幢 邮编：400061）
重庆升光电力印务有限公司印刷
重庆市天下图书有限责任公司发行 http://www.21txbook.com
（重庆市渝北区余松西路 155 号两江春城春玺苑写字楼 2 栋 14 楼 邮编：401147）
咨询电话：（023）63020615 13883623482

开本：787mm × 1092mm 1/16 印张：6.5 字数：125 千
版次：2024 年 1 月第 1 版 印次：2024 年 1 月第 1 次印刷
书号：ISBN 978-7-229-18155-0
定价：54.80 元

如有印装质量问题，请向重庆市天下图书有限责任公司调换：（023）63658950